国外景观·环境规划与设计丛书

城乡规划环境影响评价实践

[英] 乔·韦斯顿 主编

彼得·布利德
理查德·弗罗斯特
迈克尔·李-莱特
安德鲁·麦克纳布
理查德· 里德
伊丽莎白·斯特里特 编

黄 瑾 董 欣 译

中国建筑工业出版社

著作权合同登记图字：01－2003－4541号

图书在版编目（CIP）数据

城乡规划环境影响评价实践/［英］韦斯顿主编；黄瑾，董欣译．—北京：中国建筑工业出版社，2006
（国外景观·环境规划与设计丛书）
ISBN 7-112-08217-X

Ⅰ．城… Ⅱ．①韦…②黄…③董… Ⅲ．城乡规划—环境影响—评价—英国 Ⅳ．①TU98②X820.3

中国版本图书馆CIP数据核字（2006）第024638号

责任编辑：董苏华
责任设计：郑秋菊
责任校对：张景秋　王金珠

国外景观·环境规划与设计丛书
城乡规划环境影响评价实践
［英］乔·韦斯顿　主编
黄瑾　董欣　译
中国建筑工业出版社出版、发行（北京西郊百万庄）
新 华 书 店 经 销
北京嘉泰利德公司制版
北京富生印刷厂印刷
*
开本：787×1092毫米　1/16　印张：12½　字数：320千字
2006年4月第一版　2006年4月第一次印刷
定价：**42.00**元
ISBN 7－112－08217－X
（14171）

（邮政编码100037）
本社网址：http://www.cabp.com.cn
网上书店：http://www.china-building.com.cn

目录

图表目录

图

表格

作者简介

乔·韦斯顿（Joe Weston）是牛津布鲁克斯（Oxford Brookes）大学环境影响评价的高级讲师，皇家城镇规划学会会员。他在地方政府和私营规划机构中都有丰富的工作经验。在牛津布鲁克斯大学任职前，他曾有在白宫地区委员会（Vale of White House District Council）开发控制部门6年的工作经历。1970年代和1980年代，乔是地球之友组织的一个活跃参与者，他是组织的主要管理者，其中3年担任活动筹划委员会的主席。除评价方面，乔还讲授环境法方面的课程并发表了许多风险评估和土壤污染方面的文章。

彼得·布利德（Peter Bulleid）凭借建筑规划和环境科学的学历背景，已在规划领域工作了15年，主要负责环境规划设计和管理。他曾在咨询机构从事过5年环境影响评价和环境管理的咨询工作，随后成为一名铁路环境管理经理。

迈克尔·李-莱特（Michael Lee-Wright）是皇家城镇规划学会会员，拥有20余年的发展规划工作经验。在从事了12年开发控制和区域规划工作后，他进入咨询机构，开始为公共和私人客户提供发展项目的咨询。1990年代，他更多地参与到环境影响评价和环境规划机构等级的评定工作中。迈克尔是环境科学研究理事会的会员，曾在规划和环境类的刊物上发表过大量文章。他目前在伦敦一家环境管理公司（G. L. Hearn and Partners）担任主管。

安德鲁·麦克纳布（Andrew McNab）是斯科特·威尔逊（Scott Wilson）资源咨询公司的主管，这家公司是规划和环境影响评价领域久负盛名的主要咨询机构之一。安德鲁拥有超过20年在公共和私人事务部的规划经验。他非常擅长于乡村资源和旅游规划以及相关的环境影响评价。

理查德·里德（Richard Read）1969年毕业于莱斯特大学地理学专业，之后成为伦敦哈默史密斯（Hammersmith）自治区的一名规划助理，在3年工作期间，他一直在牛津工艺学校攻读城市规划硕士学位。在德比郡（Derbyshire）议会的短期工作后，他调入格拉摩根郡（Glamorgan，即威尔士）。最初在威尔士他从事的是战略规划，后来转为开发控制。在最近10年他领导了汉普郡（Hampshire）议会的一个开发控制小组并负责处理各项规划事务。其中包括原油开采、沙砾挖掘、土地填埋以及朴次茅斯（Portsmouth）“火炉”。他也负责规划政策的解释和矿业废物地方规划案的修正。

理查德·弗罗斯特（Richard Frost）是一个优秀的规划师，特别是在环境影响评价方面经验丰富。他曾在牛津布鲁克斯大学规划学院的影响评价研究所工作，参与道路提案战略环境评估、环境影响报告质量评估、环境影响报告国家数据库等方面的研究。目前他正在攻读环境影响评价监测和审核方向的博士学位。

伊丽莎白·斯特里特（Elizabeth Street）在肯特郡（Kent）议会从事基础规划工作，她的工作包括环境影响报告的质量评估，改进肯特郡的大气质量管理系统，依靠地理信息系统（GIS）描述泰晤士河的可持续发展模式。她曾远赴加拿大，有在加拿大和英国环境评价和规划领域25年的工作经验。她曾在地方政府、私人机构担任理论研究者。她在环境影响评价和战略环境影响评价方面发表了很多论文。

缩略词汇

ADAS	农业开发咨询机构
AONB	著名自然风景区
BATNEEC	最佳可利用且不过度消耗技术
BPEO	最佳环境选择
CCGT	联合循环气体涡轮机
CPRE	英国乡村保护委员会
DoE	（英国）环境署
DTI	工业与贸易部
EC	欧洲共同体
EEC	欧洲经济共同体
EIA	环境影响评价
EIS	环境影响报告
EMS	环境管理体系
EPA	环境保护法案
ES	环境报告
ETB	英国旅游部
EU	欧盟
GIS	地理信息系统
HMIP	皇家污染检查所
HMSO	（英国）皇家文书局
IEA	环境评价研究院
IPC	综合污染控制
JEL	《环境法律杂志》
JPL	《规划与环境法律杂志》
LPA	地方规划局
MAFF	农业、渔业以及食品主管部
MoD	国防部

NEPA	《美国国家环境政策法》
NNR	国家自然保护区
NRA	国家河流署
PPG	规划政策指导摘要
PWR	增压水反应器
Regulations	《城镇与乡村规划（环境效应评价）规范》（1988 年修订版）
RSPB	皇家鸟类保护委员会
RTPI	皇家城镇规划院
SEA	战略环境评价
SNH	苏格兰自然遗产部
SPA	特殊保护区
SSSI	特殊科学开发基地
UK	英国

NRA、HMIP 及 Waste Regulation Authorities 现在已经并入环境署（Environment Agency）。而在本书中它们还是以前的机构。

致谢

本书的完成不可能是某个人的功劳。一直以来有很多人为本书的撰写作出了贡献。读者可以很容易地从书中发现但我还是要郑重感谢各位合作作者，为他们的卓越能力、效率和合作精神。我认为，缺少了其中任何一位本书都不可能完成。我也必须感谢牛津布鲁克斯大学规划学院的同事们，特别是约翰·格拉森（John Glasson）、瑞奇·斯利文（Riki Therivel）和伊丽莎白·威尔逊（Elizabeth Wilson），他们都曾给过我帮助。我还要感谢我的家人：安娜（Anna）从不抱怨我整日坐着敲打笔记本电脑的键盘，即使是在圣诞节这样的重要时刻；迈克尔（Michael）很理解地接受了不能去钓鱼郊游；爱丽丝（Alice）虽说仍在不断给我讲解关于马的事情，但也愉快地忽略了我一直在关注我的电脑。

谨以此书献给不断完善环境影响评价研究的安德鲁·李（Andrew Lees）。

导言

英国的环境影响评价

乔·韦斯顿

关于此书

刚推行城镇与乡村规划（环境影响评估）法规1988年版不到一年的时间，史蒂文·默茨（Steven Mertz）（1989年）就提出了这样一个发人深省的问题：怎样使《欧洲经济共同体指示方针》中环境评价更好地作用于英国的发展?[1]8年过去了，在完成了2000多个环境评估后，是时候重新来审视这个问题并再次提出：在英国推行规划体系后，环境影响评价法规究竟起到了什么作用？本书将通过那些从事环境影响评价的工作者在评价环境影响过程中的经历来回答这个问题。

规划政策，以及一些规章、法律都在不断地变化更新以适应新地区法院所制定的政策。任何用来检验规划体系的测试方法都有可能因为这些变化而变得不合时宜，并很快被淘汰。本书只是基于这些年来的一些案例，着重于分析早期环境影响评价体系的执行和改进过程，因此希望可避免上述的错误。从这一点来看，这本书是非常完善的。它把环境影响评价工作在1988年英国规划体系正式推行到1996年初这段时间实施的情况和所起的作用都展示了出来。

首先对书中所出现的一些术语进行定义。在以下讨论中所出现的术语与原本该词的字面含义都有相当大的差别。比如在1969年美国国家环境政策法（NEPA）中所定义的环境影响评价（Environmental Impact Assessment），通常都简写为EIA。在英国，政府通常倾向于使用“环境效应”取代“环境影响”，因此在英国“环境影响评价”中的“影响”被省略，以“环境评价”（Environmental Assessment）来表述，简写为EA。自1990年开始推行一种环境发展计划评价体系后，EA的实施也与该体系有了越来越紧密的联系。环境发展计划评价是战略环境评价（SEA）体系的一部分，这个体系是用来检验当采用了一些特殊的政策、项目和计划后可能对环境所造成的影响。欧盟已经制定了一个关于SEA的粗略的官方《指示方针》，这个方针会在将来变得越来越重要，不过这并不是本书的重点，关于这点将一笔带过。为了避免混淆，在本书中均使用“环境影响评价”或“EIA”这个概念来表达。

另外在本书中还有一个很重要的术语——环境报告，简写为ES。通常环境报告由开发工作者拟定，并随同计划申请书一起递交。在大量的文献中"环境报告"会加上"影响"这个词，以EIS来代替ES，因此在研究的过程中可以把ES和EIS看作同一个词。

还有一点值得注意的是本书并非用来查阅关于环境影响评价过程和方法的手册。尽管目前已有很多这类手册，其中也有一些有价值的，但对于阐述英国规划体系的环境影响评价产生的主要问题却显得苍白无力。因为在英国，环境影响评价中所面临的关键问题并不在于是否对环境影响有科学的评价，而是在于英国规划中的一些原始政策问题。如今一些关于环境影响评价的书籍都有一个主要的缺陷，那就是它们的作者在环境开发管理和发展方面缺乏一定的实践经验，而此书恰恰避免了这样的缺陷。本书的作者均来自于地方权威机构和资深的顾问机构，有着非常丰富的实践经验，在书中他们还将着重对一些在环境评价中有争议性的理论概念进行讨论。通过这本书，可以了解环境影响评价如何运用于复杂开发控制体系以及其可能对该体系所造成的影响。

定义的重要性

词的定义对于更好地理解环境影响评价的本质和发展起着至关重要的作用。在日常生活中，大部分词语的词义都由个人的世界观和人生观所决定。举个最简单的例子，"乡村"这个词在大部分的西方国家是一个褒义词，用以表示那些风景优美，人们都过着安逸而舒适生活的地方。迈克尔·雷德克利特（Michael Redclift，1984年）[2]指出，在那些发展中国家，乡村却意味着是到处充满危险、贫困和疾病的处所。

在查阅一些出版物时人们习惯于以自己的理解来解释某些术语，尤其是那些常常挂在口中的词语，这样往往会误解某些词义并造成翻译上的错误。比如"环境"这个词，尽管是政策和环境影响评价项目中的关键部分，但在规划法规和确定环境影响评价的《欧洲经济共同体指示方针》中却找不到它明确的定义。

从广义上来看，"环境"似乎无所不包，正如爱因斯坦常说的那样"环境就是除了我以外的万事万物"。不过，这样的定义只是字典中最常见的解释。而平时常说的是生物物理学中的"环境"，是狭义上的。以下是1990年制定的英国环境保护法规对于"环境"的定义：

> 环境包含了全部或者部分以下所述的媒介，具体来说就是大气、水和土地。这里所指的大气，包括建筑物中和任何自然或人造的构筑物中，天上和地下所存在的大气。[3]

如果说爱因斯坦这个定义太大了，那么环境保护法规中对于“环境”的定义又显得太过狭隘。因为它不仅忽略了环境中的建筑，更忽略了在环境中生存的人类、动物以及植物。鲍尔（Ball）和贝尔（Bell，1994 年）在定义“环境规律”时将其与“我们共同拥有的物质包括大气、空间、水、土地、植物以及野生动物”[4] 联系在了一起。尽管这样的定义扩大了“环境”在自然和物质世界的范畴，但是人类并非在“环境”中共同生活，这个定义中的定语“共同拥有的”又带来了新的问题。正如在发展中国家的人对于“乡村”的理解同发达国家的人完全不同一样，社会中各个阶层的人对于“环境”的理解也大不一样。打个比方，对于一块“废弃的土地”，一些人把它看作“野生动物的栖息地”；另一些人把它当作“可用作开发的土地”；还有人把它看作孩子们的“运动场”等等。对“环境”的理解和体会由人们和环境的关系包括利用它的方式和相互间的作用所决定。因此环境并非一些纯客观的经历，而是一个完全不同的，充满竞争性的价值和影响的空间。而正是这个空间构筑了一个具有社会性、文化性、经济性和政治性的物质世界。因此任何关于“环境”的定义都需把这个物质世界与构筑它的力量紧紧地联系起来。1992 年索尔特（Salter）所定义的“环境”似乎是最恰当的了。

> 环境由地球上的物质空间，以及生活在这个空间中的居住者和与这些居住者发生相互作用的所有过程所组成。[5]

这个定义中的“过程”既包含了经济、社会对物质世界的影响，也包含着物质世界对经济与社会的影响。这种相互作用在创造环境的同时也建立了物质世界在人们意识中的反映。这是一个动态的过程，可以使环境在自然和人类活动的影响下时时发生变化。但是也正是由于这些变化，环境保护似乎变得毫无意义，而人们所能做的就是改变这些变化使得它对地球和地球上所有生物产生最好的影响。

管理环境变化的一种方法是对土地的规划。在英国的土地规划中常常需要在经济、社会、政治权力与环境的相互关系及相互作用中进行权衡。而规划作为管理环境的一种手段，能否发挥作用取决于政府所施予的权力以及它所处的社会法律体制环境。这些都是影响环境管理的重要因素。特别是像在英国，传统的法律只是从财产权的角度来看待环境，对于涉及环境的决策常常是根据一些政策原则而作出，这些政策中设定了不少有利于开发商的假设。[6]

英国法律传统中还有一个更深远、更重要的特征是英国的法庭是运用直译的方式来诠释那些法规与法律条款的。每个词的语义都决定着英国法庭所作的决策与设定的优先事务。正如奥尔德（Alder，1993 年）[7] 提出的，英国法庭在翻译欧盟法规时是最能体现英国法律重要特性的时候。由布鲁塞尔传入的方针与规范却是基于一个与欧洲传统完全不同的方式——法律的背景与精神而制定的，而不是法律中的词义。这些不同在帮助理解英国如何引入并执行环境影响评价模式起了很关键的作用。

环境影响评价的概念

环境影响评价也需要一个明确的定义，许多人尝试以环境影响评价在环境管理中的作用和用途来解释这个词。环境影响评价最全面的定义是由沃尔瑟（Walthern，1992年）对芒恩（Munn，1979年）的定义进行完善后所确定的：

> 环境影响评价是对拟建中的项目实施后对生物地理环境、人类的健康以及对后续项目决策影响的识别、预测与评估的过程。[8]

接着沃尔瑟又用更简洁的方式定义了环境影响评价：

> 环境影响评价是一个最终目的在于提供给决策者关于他们行为所可能产生影响的过程。[9]

这个定义中的决策者并非仅仅指项目的授权者，从这点来说他们还须利用环境影响评价来决策该项目是否可行，是否需要变更或者修改，在实施过程中尽量减轻可能产生的负面影响以避免错误，从而更好地促进项目的实施。

环境影响评价的发展始于1960年代，《美国国家环境政策法》中正式引入环境影响评价这个概念，并以此评估联邦基金扶持项目对环境可能造成的影响。然而，在英国它却受到了政府长时间的抵制。正如福特拉格（Fortlage）在1990年所说的，英国的规划体系从实行至今一贯采取用环境发展管理过程来评价环境影响的评估方式[10]，环境影响评价概念的引入只会使这个已使用多年且很完善的体系更加复杂化。[11]环境影响评价的提倡者们却认为对于一个项目的评估，仅仅寻求一种合理的评价方法是远远不够的，而环境影响评价的方式比传统的发展管理体系更具有合理性、系统性和整体性。[12]的确，环境影响评价的推行不仅给予了日益施加政治压力的环境游说团体一个回应，更使规划体系有了一种全新的评估方式。[13]在美国国家环境政策法中，环境影响评价被当作一种执行政策而非单纯的新技术，同时，修订后的法律还将环境影响评价作为规划过程的一部分。[14]为了使环境影响评价更好地实施，美国国家环境政策法中还制定了一系列政策和规范。从这点来看，环境影响评价的目的在于尽量减小对环境以及对生存于环境中的生物可能产生的危害。[15]许多环境影响评价的提倡者也持有这样的观点，并认为环境影响评价最主要的价值在于避免和减小在环境发展中的一些负面影响。[16]格罗夫－怀特（Grove-White）曾在1984年说过，“我最赞同1969年的美国国家环境政策法中对环境影响评价本质的说明，即环境影响评价可以创造和维持一个使人与自然空前和睦的共处环境，无论现在还是将来”。[17]在1979年出版的经济合作与发展组织（OECD）报告中，环境影响评价的作用还被比喻为“环境的守护者”。[18]正是在这样一个社会、经济、政治发生变革，环境第一次被作为全球关注的政治目标的时期，环境影响评价步入了正轨。

环境影响评价过程的本质和目标贯穿于本书大部分的主题中，书中还着重阐述了环境影响评价在预防环境危害中的作用。格拉松（Glasson，1994年）曾指出，环境影响评价是一个检验发展对环境产生影响的系统过程，它与许多环境保护机制不同之处在于它更强调了对于环境影响的预防。[19]约里森（Jorissen）和克嫩（Coenen，1992年）把环境影响评价比作“具有预防功能的环境管理工具”。[20]

了解环境影响评价的这个基本目的，就容易理解为什么说在评价的整个过程中，环境影响评价必须比其他传统规划和发展管理评价体系更早地使用于发展项目中。塞尔曼（Selman）于1992年也强调了这一点：

> 在环境影响评价时需保证提案的审核应尽早实施，并适宜于与项目的规划同时进行，这样才能使得设计和执行工作在初始时就符合规范。[21]

沃尔瑟在1992年进行了补充：

> 环境影响评价对环境管理最大的作用在于它能使提案在未被认可前尽可能减少存在的负面影响。[22]

环境影响评价过程

一个具有系统性、合理性的环境影响评价过程包含了一系列的流程。这些流程不仅要能系统地对环境影响进行评价，还需具有重复性和循环性，以便评价过程的任意一个阶段都有反馈并能实行再评估。[23]现在大部分的环境影响评价手册都提到，这些流程应该循序渐进，并在过程的每一步给予明确的建议。一个好的环境影响评价应包括如下阶段：

- 项目确认：对实施项目的可选方法比如操作方式、地点以及规模进行考察。
- 项目审查：审查一个项目是否需要进行环境影响评价。考虑在减小规模或降低其他影响因素后，是否可免去环境影响评价。
- 确定范围：进行地域性（如地方、区域、国家及跨国）调查，适当缩减环境影响评价的范围，筛选出影响最大的区域进行评估。

- 项目报告：撰写一份详细的项目报告书，其中包括所有的因素和可能产生的影响以对该项目进行决策。
- 环境基础情况报告：对项目实施环境原始状况进行全面调查，并撰写报告。
- 确定主要影响：综合上述的阶段确定出所有主要影响，包括正面影响和负面影响。
- 影响预测：对主要影响进行评估。
- 降低影响：通过重新设计或减小项目规模来降低该项目对环境产生的负面影响。
- 公众参与与磋商：此阶段并非独立的阶段，从第一阶段起公众参与就发挥了作用，尤以对确定评价范围的成功与否起着至关重要的作用。
- 环境影响报告的准备与撰写：根据详细调查和公众意见的结果，参照美国国家环境法体系所制定的环境影响报告样本撰写最终环境影响报告。通常如此撰写的环境影响报告能够充分反映环境影响评价过程中项目的变化。
- 评审：这是使环境影响评价报告更正式化的评判阶段。需要仔细考察报告书中主管部门和公众建议部分的评价内容、质量及方法。
- 决策：在综合考虑了环境影响评价要求评价项目以外的因素，诸如国家安全或经济政策后，通过决策体系正式授权实行开发。
- 监测：对于正在建设或实施项目期间所产生的影响进行实时监测。
- 审核：通过对预测可能影响和实际产生影响的比较，评定环境影响评价的质量。[24]

在很多方面，这个动态的、系统的、交互式的评价方式体现了美国国家环境法体系的核心思想。美国国家环境体系注重于环境影响评价报告书撰写过程中的公众参与，并利用公众意见重新评估项目与撰写报告书。同时它还实行后续决策与实施的监测过程，对环境影响预测有更准确的评价。[25]约里森和克嫩于 1992 年发表的文献中谈到，在美国的体系中环境影响评价过程的核心是对项目实施条件的考察。[26]同样，环境影响评价的整个过程并非仅仅为了检验开发项目是否可以通过审核，而是为了对开发进行决策。这个决策贯穿于整个影响评价过程，自项目确定初期到正式实施并一直延续到项目完成。

黑格（Haigh）认为环境影响评价最大的优势在于它有着非常完善而齐全的评价程序，即使没有成熟的基础规划体系也可投入运用。正是这一优势吸引着那些部门许可程序不完备、规划体系不成熟的国家。[27]将环境影响评价在一个拥有复杂而合法化规划体系的国家（如英国）推行后将会产生怎样的效果呢？这正是本书所要解决的问题。

环境影响评价的推行

正如前面所提到的，造成连续几届英国政府都反对环境影响评价推行的原因是多方面的。其一，英国政府认为，英国的发展管理体系已经可以很好地承担环境评估的职责；其次，环境影响评价的实行会成为工业发展的障碍；再者，英国政府不愿意别国制定的法规强加于他们的身上。[28]1985 年实行《欧洲经济共同体指示方针》后，英国被强制推行了环境影响评价体系，但其对该体系的抵制并未完全消除。

《欧洲经济共同体指示方针》[29]在 1977 年欧洲经济共同体第二行动纲要中为环境问题所提出，并于 1980 年正式刊印该《指示方针》草案。从行动纲要的制定到《指示方针》草案的出版经历了一个漫长的过程，经估算在正式草案问世之前共拟定了 20 至 50 个不同版本的草案样本。[30]

在草案的制定过程中，欧洲成员国不断对草案提出这样或那样的反对意见，这也是造成草案迟迟无法发行的原因。其实在推行任何一种体系前，要得到欧盟所有成员国的赞同并非一件容易的事，即便在草案已发行刊印后，也招来了众多成员国的批判与反对。[31]这些批判不仅仅来自于政府，还有皇家城镇规划协会，后者认为草案本身并不适合英国的规划体系。因为它可能使规划体系的过程过度繁杂，英国缺乏这样的经验，因此实行后的效果未必会令人满意。[32]

尽管如此，也不是说环境影响评价在英国被全盘否定，皇家城镇规划协会最后带有批判性的接纳，至少也承认该体系是聊胜于无了。1970 年至 1987 年期间，英国试行了约 250 个非政府环境影响评价项目，包括在韦尔（Vale）的贝尔沃（Belvoir）煤田提案，Lock Lomond 的储水蓄电提案和大部分的汽车高速公路提案。[33]此外，自 1970 年代初起环境影响评价对许多大型发展项目起了规范作用。[34]但是对于英国政府而言，推行环境影响评价体系所面临的问题并不在于对该体系的原理是否明白，而是在实行过程中它必须服从于一个由欧洲经济共同体执行的更正式的体系。

欧洲经济共同体指示方针

英国自 1973 年加入欧洲经济共同体后就开始受制于欧洲经济共同体的法律。[35]欧洲经济共同体自此后改名为欧洲联盟，并通过欧盟的政策和法规牵制英国的规划和环境法规。实际上，英国法律是构成欧盟法律的一部分，而欧盟的法律、指示方针以及规范又通过英国法律来执行。欧盟的大部分环境控制规则通过《指示方针》的形式来传达，并要求欧盟各成员国通过修改各自的法律来执行这些环境控制规则。[36]

根据《罗马条约》中第100条关于消除不公平竞争环境的条款，评价国家或私有开发项目所产生环境影响的《指示方针》于1985年被最终采纳。[37]实际上，许多关于环境影响的《指示方针》都以该条款为基础而制定，其目的是为了在欧洲创造一个自由、公平的贸易市场。欧洲经济共同体试图通过在整个欧洲实行环境影响评价，以保证其对欧盟各成员国的发展环境有同样的管理尺度，同时也使各国法规赏罚力度一致。这与美国推行环境影响评价体系的初衷不同。《指示方针》中关于环境影响评价的论述还符合条约中的第235条关于实现欧盟其他一些目标的条款，其中包括保护环境和提高人民生活质量。[38]欧盟所提出的这些目标没有列入《罗马条约》之中，在环境影响评价《指示方针》草案出版之前也没有进行有效的推广。直到在1983年草案正式出版的第三年，《指示方针》被采纳的前两年，欧洲司法机关才最终决定把"保护环境"作为他们的工作重心。[39]

在《指示方针》中要求在一些开发项目正式授权执行前实施环境影响评价，以评估其对环境可能造成的重大影响。通常将待评项目分成两种：属于附录I的项目必须实施环境影响评价；在属于附录II的项目中，除了一些可能对环境造成一定影响的项目建议实施环境影响评价外，其余的项目则可以自行决定是否需要实施评价。属于附录I项目有：原油提炼、热能发电站、辐射废物处理装置、化学处理设备、高速公路和主要道路、贸易港口、废物焚烧场、废物处置填埋场等。在附录II的项目目录中，有超过90个开发项目对环境可能造成重大影响，因此必须实施环境影响评价。

由于在《指示方针》中没有明确定义"重大影响"这个概念，因此欧盟成员国在执行环境影响评价体系时不可避免地出现了含糊和矛盾的情况。在英国，曾经有人试图通过"重大影响"的直译意来定义这个术语，而该词的直译意却不明确。1995年12月，欧盟环境署长们决定对《指示方针》进行修正，增加了一份新的附录IIa，对附录II中的评价项目制定了明确的评价标准。尽管这些附录看起来有些繁琐，但它旨在反映出评价项目的基本特征，如项目大小、所处位置、投入时间及项目复杂性等[40]，这也符合英国项目的审查标准。

《指示方针》中另外一些含义模糊的地方是关于评价可选方法内容的。《指示方针》的关键是要求任何项目在审核过程中必须充分考虑通过环境影响评价所得到的评价信息。这些评价信息是根据第5条而制定的，并列于附录Ⅲ中：

> 所需评价信息如下：
> (1) 项目描述，主要包括如下方面：
> ● 整个项目自然特性的描述及在建设实施过程中对土地利用的要求；
> ● 项目生产过程的主要特性描述，比如在实施时所选用材料的种类和

数量；

- 项目在实施过程中预期产生的废弃物及排放的数量和类型（如废水、废气、土壤污染物、噪声、振动、光、热、辐射等等）的估算。

(2) 在适当的情况下，由开发商制定所选主要方法的要点大纲，以及能反映其作出决策主要原因的指示书，并考虑对环境产生的影响。

(3) 环境中可能受项目影响较大的要素，特别包括人群、动物群、植物群、土壤、水、大气、气候、物质资产（如古建筑或历史遗产等）、自然保护区以及上述要素的相互关系的描述。

(4) 项目中由以下因素可能对环境造成重大影响原因的描述：

- 项目自身的存在；
- 对自然资源的开发利用；
- 污染物的排放、妨碍行为的产生及废弃物的处理。

(5) 用于防治、减小及分散对环境所产生不利影响的方法描述。

(6) 在上述各条标题下所得的详细信息技术总结。

(7) 开发商在编纂以上所要求信息时所遇困难（如相关技术不足或缺乏）的报告。[41]

对所选方法的审查在环境影响评价过程中起着很重要的作用，但是上述指示对信息的要求又出现了含糊之处。比如第2条中，只说明是在适当的情况下由开发商考察所选主要方法并制定大纲和指示书，但却又未详细说明究竟怎样的情况才算是合适，同时所选的方法中怎样的方法才属于“重大”也没有给出明确的定义。还有，《指示方针》中所提到的可选方法，到底是指项目实施的位置或过程抑或两者都是？在1995年通过的《指示方针》修订版中提出，要求开发商对所“考虑”的可选方法制定“要点大纲”并同时说明他们作出如此选择的原因。[42]

正是由于《指示方针》中缺乏明确的定义，造成各成员国在翻译中把《指示方针》中一些要求的范围扩大或缩小了，最终导致欧盟各国在该体系的实施过程中出现各自不同的方式。这样就失去了当初为使欧盟拥有统一评价规范而制定《指示方针》的意义。

同时，由于在《指示方针》中把重点放在介绍信息的提出和收集上，从而使得很多人误认为像环境影响报告这类包含很多信息的文件就是环境影响评价所要得到的最终结果。鲍尔和贝尔曾称环境影响报告为“评价的终产物”[43]，甚至沃尔瑟也把环境影响报告比作环境影响评价的一项成果。而实际上，这只不过是环境影响评价过程中的一个阶段而已。[44]

尽管经历了前所未有的艰难阶段，《指示方针》才得以通过，但其内容中却没有任何关于如何实施环境影响评价的具体框架。比如确定评价范围、评审影响评价的报告甚至包括环境影响评价后期的一些阶段如监测和终审在

《指示方针》中都没有作出要求。而以上所提到的这些阶段都是在环境影响评价整个过程中影响评价结果成功与否的关键步骤。在将要修正的《指示方针》中规定，若开发商提出要求则专家们须为项目确定所要评价的范围。但是这个变化并不意味着人们已经意识到了环境影响评价过程中确定评价范围的重要性，而是把这个必做的步骤减化了。

客观性一直以来都被认为是环境影响评价体系中，特别是在开发商进行评价过程中最难解决的问题。在最初欧盟正式实施环境影响评价的 8 年中，环境影响评价的实施质量和客观性都是引起争论的主要因素。在《指示方针》中，没有任何关于对环境影响报告进行单独评审的要求，这无形中就造成了一种潜在的偏见，即认为环境影响评价仅仅是用来评判项目好坏的工具。在 1994 年阿斯顿（Aston）大学会议论文中，卡里斯·琼斯（Carys Jones）[45]利用李（Lee）和科利（Colly）制定的审核环境影响报告的标准[46]，对 1988 年至 1992 年中所递交的所有环境影响报告进行评估。其中，只有 30% 的报告有较好的质量，而 40% 的报告根本不符合要求。牛津布鲁克斯大学 1995 年的研究报告表明，环境影响报告的质量自 1992 年以来有了普遍的提高，其中被认为"令人满意"的报告所占比例从 1991 年前的 36% 上升到 1991 年后的 60%。[47]

《指示方针》的中心要求均是有关环境信息收集和陈述的，没有关于正式评价原则的，所以无法为环境影响评价体系提供一个所需的循环的、动态的过程。因此，从某种意义上讲《指示方针》所推行的并不是一个完整的环境影响评价过程，而仅仅保证了在项目正式通过授权前，能根据所提供的项目对环境造成影响的信息进行充分考虑。

为实施欧盟的《指示方针》，各成员国使用了一种内容更细致的评价体系，从理论上来讲，该体系只在一定的期限内有效。在环境影响评价《指示方针》第 12 条中规定的有效实施时间为 3 年，也就是在 1988 年 7 月 3 日前该体系才有效。《罗马条约》中的第 5 条规定，各成员国必须废除国内与该体系内容相矛盾的相关法律，并向委员会递交该国在实施《指示方针》各条款时所使用方法的报告书。《指示方针》第 2 条第 2 项规定，允许各成员国将环境影响评价体系整合到"现存的评价过程中"以通过需审核的项目。这正是英国的实施方式。

英国环境影响评价法则

即使在接受了《指示方针》后，英国政府对新的环境影响评价体系的敌意仍然没有消除，而且他们还需花费很长一段时间对原来的规划体系作一些必要的修改。一位负责监督《指示方针》实施的政府官员曾承认，欧洲环境影响评价中的规范要求是通过去除了政府现存政策中与环境影响评价体系中的矛盾之处，然后再整合经简化后的规划体系而得到。[48]英国政府在被迫接受推行环境影响评价体系后，改变了当初一味反对的态度转而开始质疑环境影响评价的适用性，其中附录II的项目在隶属于环境影响评价后将不符合当初定义的标准。[49]

在《指示方针》正式发布后，磋商、争论以及制定法规草案又经历了很长的一个阶段，在此期间英国政府还因企图采用最低限方法来执行《指示方针》的要求而受到指控。[50]用来解释政府的《指示方针》的法规草案现已正式出版，这将有助于《指示方针》的执行。Milne对此却持反对意见，他认为政府对于《指示方针》的冷淡态度导致环境影响评价体系在提案的实施过程中出了许多模糊、考虑不周的状况。[51]在磋商过程中，许多专业性的批评意见四处而起，因为林业和农业等“弱势”产业没有被列于英国开发控制范围之内却需在《指示方针》要求下实施环境影响评价，英国乡村保护委员会（CPRE）甚至向欧盟委员会抱怨。草案的制定可以有助于林管委员会、农业、渔业以及食品主管部确定需要实施环境影响评价的时机，甚至有利于他们原本各自的计划。[52]不过，直至1995年政府才对规范进行了修订，增加了这些不需要正式获取规划许可或其他授权的项目。

另外一些抱怨大多是涉及《指示方针》没有很好地监督指定过程实施环境影响评价，以及没有要求对附录II中的项目所产生的累积影响实施评估。[53]

《指示方针》的最终执行是通过21套不同的规范来实现的。这些规范覆盖了规划体系以及根据其他部门体系而发展的项目授权等领域。而在所有这些规范中，就研究目的而言最重要并且是作为环境影响评价实施依据的规范是1988年《城镇与乡村规划（环境效应评价）规范》以及它在苏格兰实施的相关规范。

环境影响评价与英国规范体系的融合

在研究中，一个首要关联的问题是在英国体系中的“环境评价”是如何定义的。从上面的分析中已经知道，从理论上而言环境影响评价实际上就是一个由许多阶段组成，对项目的建设监查到运作审计每一阶段实施鉴定的系统性评价过程。这是一个重复、循环的过程，在各阶段确认出不利影响后将重新对项目的设计进行修改，再鉴定。这样实际上是把决策的定义扩大了，即在评价过程中的每一阶段都在为项目作着决策。在环境署的15/88函件：1988年《城镇与乡村（环境效应评价）规范》中是这样定义环境评价的：

> 通过整个过程最终得到一个决策结果，比如收集有关项目环境效应的信息，考虑这些信息中哪些需要由地方规划局执行，并且最终对开发项目作出

决策，是同意还是拒绝开发。[54]

如果这个过程最后只出现一个相关的决策并作为最终结果，这样的结果未免有失偏颇。其实，英国环境影响评价的采纳方式是以迎合现成的规划体系为标准的。同时，由于它的加入对开发控制体系施加了一定的影响，从而也改变了该体系的一些特性。在下面对英国环境影响评价规划规范的分析中可以看到，开发控制的决策原则与《指示方针》要求实际相去甚远。

1988 年规范提供了一种法律机制来执行《指示方针》中的要求，而对特定开发项目的评价也基于这种机制而实施。《指示方针》把主要的开发项目分成两类：表 1 中的项目就是需要强制实施环境影响评价的项目；表 2 中的项目是只有在考虑到可能会产生“重大环境影响”时才需要实施环境影响评价的项目。这样的表达方式使得环境影响评价的执行过程变得非常困难。因为根据《指示方针》的要求在作出决策前应判断隶属于表 2 中的项目是否需要实施环境影响评价，而这又受制于规范中的条款，通过评价确定开发是否会产生“重大环境影响”。与规范同时发布的环境署 15/88 函件给出了“重大”的定义：

(1) 项目，主要在规模上是否在当地产生非常重要的影响；

(2) 该项目的开发地是否处于一些敏感性区域，比如国家公园、特殊科研基地、著名自然风景区，以及那些规模不大但因为所处位置而可能产生重大影响的项目；

(3) 是否该项目会使负面效应比如污染排放加剧或变得更加复杂。

函件中还为以上标准定义了下限：

- 猪饲养场——400 头母猪、5000 头用于养肥禽畜的猪；
- 露天挖掘矿场——面积大于 $50hm^2$；
- 制造工厂——面积 20—$30hm^2$ 或更大；
- 大于 $20hm^2$ 的工业用房；
- 城市开发——$10000m^2$ 的商店、办公楼或其他商业用途的建筑；
- 地方道路——在特殊科研基地、国家自然保护区以及其他保护区方圆 100m 内的道路；
- 其他基建项目——100 +；
- 废物处置——75000t p. a. +。[55]

这里不得不考虑的是，在这些规范公布后，规划业这个在执行新体系时起着关键职能的行业却依然忽略了新规范中的诸多提示，而在 15/88 函件出版的很长一段时间里“重大环境影响”的判断仍处于一个非常混乱的状态。[56]的确，判断项目是否属于表 2，是否需要实施环境影响评价，即使是有了 8 年的实践经验仍然有很大的难度。这里有两个典型的法庭案例或许可以提供一些指导。这两个案例：斯韦尔（Swale）自治政府、梅德韦港（Medway Ports）当局与皇家鸟类保护委员会单方对阵，普尔（Poole）自治政府与比比（Beebe）及其他一些机构单方对阵中的开发项目在递交申请时均未提供环境影响报告，但都已获取规划局签发的规划许可。[57]在斯韦尔案例中，对于是否要求这个隶属于表2中的项目在申请时提供环境影响报告的决定完全任意，除非这个决定不合理，不然这是不会受到法律质疑的。普尔自治政府的案例中有一些更为实质性的地方，这就是在法庭上提出了规范中的中心要求。规范4（2）确立了整个规范所强调的核心任务：

> 4（2）地方规划局、国务秘书或巡检员在开发申请未考虑环境信息前，不应签发规划许可。[58]

法庭认为环境评价的惟一目的是从中获得"环境信息"为决策者提供决策依据。这里提出的"考虑"环境信息并不意味着要对这些信息反反复复地考虑多次，而从很多意义上来说这样的考虑是更好地理解环境影响评价与英国开发控制体系之间关系的关键。1990年《城镇与乡村规划法案》的第54a部分提出规划申请以及其他的规划决策必须与开发规划相一致，除非一些实质性考虑因素可表明相异的结果。该法案的第70部分要求决策者在考虑规划申请时应重视所有的"实质性考虑因素"。很明显，在环境影响评价规范中所提到的"环境信息"就是一个实质性考虑因素。这是因为规范特别要求决策者在对规划申请作出决策前首先应对环境信息进行考虑。卡沃瑟（Carnwarth，1991年）在他的文章中融合了规范4（2）中所提到的要求：

> 法律总是偏好于施与当局一些必要的职责，让他们可以"关注"一些事情并对此加以考虑。他们必须关注开发规划以及其他的实质性考虑因素；他们必须关注人们对于"保护自然美景以及乡村适意性的愿望"；他们必须"对环境影响报告以及环境影响充分进行考虑"。而这些要求对于他们实际操作中的影响却微乎甚微。规划局可以尽职尽责地"关注"这些事务，也可以随时将其弃之不顾，当然这都是合法的。[59]

在普尔自治政府的案例中，法庭所持的观点是政府与决策机构已获得了所有必要的信息，因此就没有必要再要求提供环境影响报告了。[60]在苏格兰政府机构的案例中，法庭书记员却认为环境评价根本不可能突出什么关键性的问题，即使经过"规划申请、与相关负责机构进行磋商、不满行政区政府所作的决策而申诉以及公众质询"等一系列过程，这些问题也不可能变得很明朗。[61]该案例是因地方规划局作出拒绝批准毗邻艾尔德里（Airdrie）的一个露天采煤场开发的决策而开发商不服提出的申诉案。甚至在收到欧洲专员发来的支持当地居民认为该项目会带来很严重环境影响的信函后，法庭书记员也不为其所动。

实际上这些决策完全与规范中的条款以及15/88函件中所提出的意见一致。在函件的第43和44段很明确的提出，环境影响评价内容的不完整甚至在递交申请时没有提供环境影响报告都不能作为否定规划申请有效性的理由。开发商的职责仅仅在于根据表3中的要求提供相应的“环境信息”，而并没有要求要以某种特别的形式来提供这些信息。表3中这样定义环境影响报告“能包含一种或一系列所提供文件的各种信息……特定信息列于第2段”。如下为第2段中定义的所谓“特种信息”。

表3

2 特种信息如下：

(a) 对开发项目的描述应包含开发地点、项目设计、尺寸或规模等信息；

(b) 能确认并评价开发对环境可能产生的主要影响的必要数据；

(c) 以如下受体作为参考，详细描述开发对环境可能产生的直接或非直接的重大影响：人类、动物、植物、土壤、水、大气、气候、景观、前述各受体间的相互作用、物质财产、文化遗产等；

(d) 在确认了涉及如上各受体的重大负面影响后，对为避免、减少或修复这些影响的措施进行描述；

(e) 用非技术性语言对如上特种信息进行概括。[62]

表3有时被认为是对环境影响报告提出的“最小调控要求”。[63]不过，这里的“特种信息”却并没有包含规范4（2）中所要求在对项目作规划决策时必须考虑的所有“环境信息”。规范中这样定义“环境信息”：

> “环境信息”是申请者在准备的环境报告中所记录的任何团体根据规范的要求参与磋商的内容表述，或者某些人适时地就开发项目可能产生的环境效应所作的表述。[64]

在规划申诉中环境署的巡检员提出，环境信息应包括有关环境影响报告内容的表述，由开发中的第三方所提供的信息以及经公众质询阶段专家交互问询后得到的信息。[65]因此环境影响报告中所提供的信息并非环境影响评价最终的信息，它只提供了一部分环境影响评价在规划申请前要求得到的环境信息，尽管这些信息占有相当重要的地位。

这种对环境信息需要考虑的要求并非第一次提出，规划局在对规划申请作决策时就常常需要对这些信息加以细致的考虑。[66]而这里真正的不同之处在于规范是要求开发商在递交规划申请的同时提供大部分这样的环境信息。在正式的环境影响评价引入英国前，收集可作为决策考虑的必要信息是规划局的职责。根据《普通开发规则》中的条款，规划局有权要求开发商提供进一步的、决策需要或因已提供的信息不符合环境影响评价规范要求而需追加的信息。1988年以前，那些已记录于环境影响报告中的信息只有在开发商提出申诉，巡检员或国务秘书得到了申请书时，才能公之于众。而这点正体现出了环境影响评价中的一大优势，这也是英国规划体系中所作的一个重大改变。它使规划局、咨询顾问及公众在开发控制过程的早期阶段就可对这些关键信息进行评估。

规范也为开发商与规划局间因表 2 中的某项目是否需要实施环境影响评价的分歧提供了一个很好的解决方案。开发商不管是在递交申请前或后都可以向"主管部门"，通常为地方规划局（LPA）询问他们的开发项目是否需要实施环境影响评价（根据规划 5）。地方规划局在 3 周内必须作出答复，并且还需就判断是否需要实施环境影响评价的理由作出详细回答（根据规划 9）。如果在这个期限或者规划局与申请者事先所订好的时间限制内未作出答复，那么申请者可就开发项目是否需要实施环境影响评价向国务环境秘书寻求指导（根据规划 6）。如果申请者不同意规划局提出需要对开发项目实施环境影响评价的决议，那么在规划局给出正式通告后，申请者仍可向环境国务秘书寻求指导。在修正后的《指示方针》中新的附录 IIa 提出对规范中的部分内容进行修改，要求主管部门把新制定的起点标准而不是评价案例后得到的结果作为决策的依据。

15/88 函件明确地提出，当申请者自愿提供环境影响报告，即使是根据规范要求某项开发无需提供环境影响报告的情况下，并且申请者在递交时申明环境影响报告内容与规范要求相一致时，地方规划局才可能按照与规范要求相一致的方法来处理申请开发提案。

如果在地方规划局正式发出要求实施环境影响评价通告的 3 周后，申请者对此不作回应或也没有向国务秘书寻求指导，那么规划局将拒绝该申请并且申请者也无权提出申诉（根据规范 9）。

国务秘书也有 3 周的时间用来考虑给申请者提供的意见，但实际上这个时间可根据国务秘书的需要自行进行调整（根据规范 6）。

要求开发商把环境影响报告随同规划申请一同递交的规定是根据 1995 年《普通开发规则》中条款 8 的要求提出的。规范 13 中提出如果环境影响报告的递交时间晚于规划申请，那么在递交环境影响报告前开发商有必要以在当地出版物刊登广告或开发现场张贴告示的形式向公众通告该项目的开发。在通告或广告上开发商应对项目特性进行描述，并给出可以看到环境影响报告的地址。另外这些文件必须在开发商发出通告后的至少 20 天内接受审查，而地方规划局在收到申请及环境影响报告的 21 天内不可作出任何决策。

与标准的规划申请不同，规范为申请者与法律顾问之间的预先磋商提供了依据，并从中获取可以得到并在开发商实施环境影响评价中所必需的信息（根据规范 22）。开发商在递交规划申请及环境影响报告时应发布通告，而地方规划局也必须公布法律顾问的名单（根据规范 8）。通常这些法律顾问来自于环境机构、乡村委员会、英国自然委员会以及威尔士和苏格兰的相关机构。

根据规范 14 中所提出的要求，地方规划局应保证有足够数量的环境影响报告副本以用于各种磋商过程中。而这个要求是与 1995 年《普通开发规则》中的第 10 条相一致的。其中包括与环境机构、设备公司、健康与安全执行机构、高速公路管理局等组织进行的磋商。

依照规范 21，如果地方规划局认为环境影响报告中所提供的信息不完全，他们有权要求开发商提供更进一步的信息。但是，由于地方规划局即使在还未获得要求提供的附加信息的情况下也不能将申请转给其他部门，因此一般无法得到一个评审环境影响报告并形成一个拥有循环互动过程的环境影响评价机制。而地方规划局惟一可做的就是拒绝签发规划申请，之后开发商有权对此提出申诉。

在对环境影响报告实施评价时，地方政府应该明白他们有权要求开发商提供进一步的信息。若在处理申请过程中没有提出这样的要求，正如在下面的一个申诉案例中将看到的，这就等于默认了他们已接受开发商所提供的信息。一个有关在苏格兰临近基尔马诺克（Kilmarnock）的地方扩建采石场的案例中，书记员指出该案例中的关键之处在于规划局在处理申请时没有向开发商寻求进一步的信息，并且在拒绝签发规划申请后开发商提出申诉前都没有发表任何对环境影响报告的反对意见。[67]

包括与法律机构以及公众磋商在内，地方规划局共有 16 周的时间考虑是否对申请签发规划许可。而最后的决策书副本连同批准条件都需寄给环境署（根据规范 23）。如果申请被否决，申请者有正当的申诉权。

这些规范具有地方政府的效力，但不适用于皇家项目建设。根据18/84函件，皇家项目的建设只需要向地方规划局提供项目的详细说明并适当考虑规划局的意见，而不需要向其他项目那样得到规划批准。[68]15/88 函件规定除非规范另有说明，否则环境影响报告应该提供18/84函件的通报。15/88 函件也规定环境影响报告一般要提供环境署、国防部、交通部等部门的意见，除非其中涉及国家机密。

环境影响评价所担当的角色以及它所具有的潜力均取决于它的执行方式和它所处的大环境。在英国，环境影响评价是被引入一个现成的开发控制体系，而该体系中存在着一个在法规、法庭制造先例以及传统的影响下的固有决策过程。正因为如此，英国环境影响评价体系的引入并没有给决策过程带来一些引人注目的变化。而它的引入只是为了服从欧洲法规的条款要求，尽管这样会消减该法规对现成体系的影响。奥尔德（1993 年）这样评论英国的环境影响评价：

> 不是一个有着积极目标的环境保护措施。环境影响评价的目的在于为决策者提供必要的信息，使得他可在环境或其他目标之间作出选择。而《指示

方针》中也没有提到给与环境要素或公众意见增加额外权重的要求。[69]

奥尔德的这个观点似乎与理论上把环境影响评价理解为一个有自己固有目标的环境管理机制是有冲突的。而索尔特（1992 年）的观点似乎更极端：

> 只要这些步骤恰当并且可以继续下去，那么在英国完全以现在的方式来执行《指示方针》是不会出现什么特别的不利之处。因为评价实践工作并不会有任何显著的效果。[70]

英国环境影响评价中所出现的问题

在上面对环境影响评价体系引入英国后的情况以及它在开发控制过程中所起作用的讨论中就已出现了许多关键性的问题。这些问题涉及在这个过程中所有参与者所应扮演的角色和应承担的责任；对规范的诠释与使用；环境影响评价所能帮助建立一个更好，更具备环境敏感性项目的能力。从本质上来说，这些问题直接涉及早先讨论过的环境影响评价中的那些重要阶段，比如项目审核、确定评价范围、公众参与、评审以及决策过程。这些过程的执行与管理方式对于整个评价过程的成功与否以及正确理解环境影响评价在开发控制决策中所扮演的角色起着至关重要的作用。

如何使环境影响评价，这个合理、系统的环境管理过程融合进那个有时并不合理、实质却是政治过程的规划体系中：毕竟规划体系考虑的是在这个持久、连续的分割环境土地资源的关键战役中谁输谁赢的问题。之所以会出现这样的争斗局面是由英国规划体系本身所具有的对抗性所造成的，在这场争斗中开发商必定会运用他们的权利、影响力、政治与法律判断力，甚至一些狡诈来与环境工作者、居民、相关团体以及政治家们进行周旋。在这样的体系中环境影响评价的所谓预测个体影响“科学”的作用就只能屈居于决策过程中的政治影响之下了。

要对环境影响评价所处的地位以及它在英国实施的成功与否进行评价时，首先应弄清环境影响评价在实践中是以怎样的方式被施行的，以及参与者们如何看待这个规划工具的价值和用途。只有这样，才可能解决在本章开始时默茨（Mertz，1989 年）所提出的问题。

实践中的环境影响评价

正如在开始时就已强调的，本书只是起到一个审视的作用。通过实践者的经历、案例研究，对环境影响评价的实践过程进行了分析，从中得出了有关正式环境影响评价的引入对英国土地利用规划体系所产生影响的一些结论。本书以环境影响评价过程中的各重要阶段作为主要结构，突出了环境影响评价在英国的引入与发展中所出现的一些基本问题。每一章节都通过对案例的分析，提出作者自己的观点。尽管本书在编辑上没有对投稿者提出“同一标准”的要求，但从各章中还是可以看到许多共同点，并且各作者似乎在环境影响评价所面临的困难以及它在规划过程中所担负的职责等问题上均达成了共识。

环境影响评价的第一阶段是项目的审核阶段，确定哪些项目需要在规划决策作出前实施完全的环境影响评价。在第一章中彼得·布利德（Peter Bullied）着眼于环境影响评价的初始阶段，并就为什么在政府最初预测中每年有12个左右的案例需接受环境影响评价，而实际接受环境影响评价的案例数量却要多得多这样的问题提出了疑问。如早先已解释过的，规范仅仅要求在出现“重大环境影响”时才需实施环境影响评价。在彼得·布利德所写的章节中对“重大”这个词的定义进行了讨论，并且提出在早期应与规划局就项目可能产生哪些影响进行磋商，从而确立是否需要对项目实施环境影响评价。的确，尽管像公布报告这样的事情很小也很简单，但在许多案例中为帮助这些进程的顺利完成却是再合适不过的了。

在确定了需要实施环境影响评价后，通常开发商需要指定一些顾问来完成这项工作。而对于那些认为环境影响评价应无一例外地由“科学家”专门执行这样的想法却是非常肤浅的。环境影响评价是土地利用决策过程与体系中的一种规划工具，在第二章中迈克尔·李－莱特（Michael Lee-Wright）将对规划者在环境影响评价中所担当的主要职责以及在评价过程中的同一学科与多学科方法的需求进行讨论。规划者通过培训以及所掌握的知识确定给定案例中的实质性规划考虑因素，并在确定评价范围中发挥核心作用。

目前实践者与理论家在确定评价范围工作的重要性与相关性以及怎样确定这些问题上存在着很大的分歧。有些人认为确定评价范围这个决定项目中哪些方面需要接受环境影响评价的步骤是环境影响评价所有阶段中最重要的一个阶段，因此在该过程中应加入早期的公众磋商以使当地居民能参与确认项目存在的问题，并在项目获得许可前提出他们认为有必要解决的问题。不过，这种方法不管是对于公众还是提案的承办者都存在着利与弊。安德鲁·麦克纳布（Andrew McNab）在第三章中通过案例研究的方式，对案例中所存在的这些基本却又非常重要的问题进行了探讨，最后还就各个不同的集团在确定评价范围过程以及整个环境影响评价过程中所担当的职责得出了一些非常重要的结论。

接下去一个需要考查的一个重要阶段是评审阶段。自1988年环境影响评价引入之初，评审阶段就引来了非常多的争议。并且还存在着许多不同的环境影响报告评审机制来协助地方规划局和顾问们评估环境影响报告中所提供的信息是否完全。最近也是最重要的评估机制是一张环境署所出版的《规划项目环境信息评估：优秀实践指导》[71]中的审核清单。不过，在第四章中理查德·里德（Richard Read）会告诉人们在这张审核清单中所列出的审核条目并不仅仅针对的是环境影响报告，而是规划局需要对所有的环境信息进行评审的内容。他描述了汉普郡议会使用审核清单执行评审的过程，并提出即使使用了这种合理的方法也未必能作出合理决策的观点。

公众参与和磋商是构成一个成功的环境影响评价实践案例的两大中心要素，本书的内容中有许多都集中于这两个过程上。尽管最佳实践理论的提倡者们要求公众应参与到环境影响评价的所有过程，但在大部分的案例中环境影响评价的磋商活动常常在开发商递交了环境影响报告及规划申请后才真正开始。第五章中通过两个案例来说明磋商过程怎样进行。从案例的研究中可以发现，磋商并非简单的公众参与活动，而是由地方政府掌控着的过程，这是环境影响评价过程中经常被忽略但却又非常关键的部分。在该章中以一个独特的视角深入探讨了这个机制的运作过程以及环境影响评价中所出现的那些有争议且本质复杂的问题。

公众参与磋商无疑是英国开发控制体系中的一个主要特点，对于那些同时充当开发者和规划者的地方政府来说就显得尤为重要。从这点来说，地方政府就更应努力寻求最佳实践方法，只有这样才能在促进项目进展的同时保证能最大限度地服务于公众的利益。第五章的第二个案例就是一个运用这种方法处理的例子，并提供了一个地方规划局如何逃避执行环境影响评价的原型。

就环境影响评价本身而言，它对于决策过程的进行有很大的帮助。如果在实施环境影响评价时有意识地邀请各方参与并进行磋商，那么最终决策者所作出的决策必定能得到各界的认可。不过，一旦环境影响评价工作结束、环境影响报告已提交、所有其他的实质性规划因素也已加以考虑，在得到最后的决策结果后就将接受公众的质询了。第六章将在原先研究的基础上再深入探讨在公众质询过程中环境影响报告的作用，并就规划巡检员和国务秘书如何看待此过程在环境影响评价的作用进行了讨论。该章中的例子涵盖了各种需要实施环境影响评价的开发项目类型，并遍布苏格兰、威尔士以及英格兰地区。公众质询占据了英国规划体系中决策的最高优先级，这不仅为其他体系的案例开创了先例，还建立了一套单凭经验解决的程序。在对环境影响评价质询决策书的分析中可以看到，环境影响评价在决策中所处的最高地位以及它对于整个开发控制体系所起的重要作用。

一旦规划局签发了规划许可，项目就进入了环境影响评价中的下一阶段——监测阶段。尽管在英国的规范中没有提到对项目执行监测的要求，但它常常被看作是完整的环境影响评价体系中的关键部分。在第七章中理查德·弗罗斯特（Richard Frost）将就一些主要项目的监测范围以及如何使用在监测中所得到的信息等问题进行探讨。通过多年参与大型项目以及案例研究所积累的经验，他提出了监测对于开发商的利益以及环境利益同样重要的观点。

伊丽莎白·斯特里特（Elizabeth Street）在环境影响评价工作中的经验要远远多于其他地方政府的规划者们，因此只有她参与撰写的此类主题的书，内容才可能更加完整。在第八章中斯特里特博士讨论了如何利用环境影响评价过程来获取更广泛的环境利益。通过当地已有的数据库，可以把这些信息绘制成一张可显示当地环境信息的叠加图片，并参照环境影响报告所提供的信息，确认出开发项目存在的问题并提出解决的方法。也许该章是最能体现环境影响评价的潜质以及它对于规划及环境管理体系所产生的长远影响。

最后一章即第九章总结了从本书中所有案例的分析中所得到的一些经验及教训，并得出了有关环境影响评价对英国土地利用规划体系的影响的最终结论。在最后一章中不仅以最佳实践的概念作为标准，还在与其他国家的体系进行比较的基础上对英国的环境影响评价体系进行了评估。本章在提出英国环境影响评价体系中的不足与问题的同时，还将就该体系为开发控制过程所带来的显著利益进行评述。

本书将为读者展示环境影响评价引入后所开展的实践活动以及从英国规划体系中所获得的一些提示。也正如篇首说过的那样，这个展示只停留于那些已发生的案例上，最多只是这些案例的回放。本书并非“最佳实践”的指导书，也不是什么“生意或职业诀窍”手册，只是给大家介绍在英国规划实践中的优势以及仍然存在的不足。

注释及参考文献

1 Mertz, S (1989) The European Economic Community Directive on environmental assessments: how will it affect United Kingdom developers?, *JPL*, pp 483–498.

2 Redclift, M (1984) *Development and the Environmental Crisis: Red or Green Alternatives?* London: Methuen, pp 45–48.

3 Environmental Protection Act 1990. London: HMSO.

4 Ball, S and S Bell (1994) *Environmental Law*. London: Blackstone Press, p 4.

5 Salter, J R (1992) Environmental assessment – the question of implementation, *JPL*, pp 313–318.

6 Alder, J (1993) Environmental impact assessment – the inadequacies of English law, *JEL*, Vol. 5, No. 2, 203–220.

7 *Ibid.*

8 Wathern, P (1992) An introductory guide to EIA, in Wathern, P (ed) *Environmental Impact Assessment: Theory and Practice*. London: Routledge, p 6. From Munn, R E (1979) *Environmental Impact Assessment: Principles and Procedures*. New York: Wiley.

9 Wathern, P (ed), *op. cit.* p 6.

10 Fortlage, C A (1990) *Environmental Assessment: A Practical Guide*. London: Gower Technical, p 1.

11 Haigh, N (1983) The EEC Directive on environmental assessment of development projects, *JPL*, p 585.

12 Glasson, J, R Therivel and A Chadwick (1994) *Introduction to Environmental Impact Assessment.* London: UCL Press, p 3.
13 Mertz, S, *op. cit.*
14 Roberts, R D and T M Roberts (1984) Planning procedures for environmental impact assessment, in Roberts, R D and T M Roberts (eds) *Planning and Ecology.* London: Chapman and Hall, p 100.
15 *Environmental Impact Assessment Review,* No. 1, Boston, MA: MIT Press, 1980. Quoted in Garner, J F (1983) Environmental impact statements in the United States and in Britain, in O'Riordan, T and R Kerry-Turner (eds) *An Annotated Reader in Environmental Planning and Management.* Oxford: Pergamon.
16 Jarman, D (1988) Conference makes assessment of impact on system, *Planning* 768.
17 Grove-White, R (1984) The role of environmental impact assessment in development control and policy decision making, in Roberts, R D and T M Roberts (eds), *op. cit.* p 131.
18 OECD (1979) *Environmental Impact Assessment,* Report.
19 Glasson, J *et al., op. cit.* p 3.
20 Jorissen, J and R Coenen (1992) The EEC Directive on EIA and its implementation in the EC member states, in Colombo, A G (ed) *Environmental Impact Assessment.* Dordrecht: Kluwer Academic, p 1.
21 Selman, P (1992) *Environmental Planning.* London: Paul Chapman.
22 Wathern, P (ed), *op. cit.* p 6.
23 Glasson, J *et al., op. cit.* p 3.
24 Adapted from Glasson, J *et al., op. cit.* p 4.
25 Roberts, R and T M Roberts, *op. cit.*
26 Jorissen, J and R Coenen, *op. cit.* p 6.
27 Haigh, N, *op. cit.*
28 Alder, J, *op. cit.*
29 Directive on assessment of the effects of certain public and private projects on the environment (85/337/EEC). Brussels: Commission for the European Communities, 1985.
30 Wathern, P (1992) The EIA directive of the European Community, in Wathern, P (ed), *op. cit.* p 192.
31 Haigh, N, *op. cit.*
32 Memorandum of Observations to Sub-committee G (Environment) of the European Communities Committee of the House of Lords on Draft EEC Directive COM(80) 313. London: RTPI, 1980, p 1.
33 Clarke, B D and R G Turnball (1984) Proposals for environmental impact assessment procedures in the UK, in Roberts, R D and T M Roberts, *op. cit.* p 125; Assessing the impact of new legislation, *Planning* 736.
34 Jarman, D, *op. cit.*
35 Chown, W (1993) The undeniable supremacy of EC law, in *New Law Journal,* 12 March.
36 Ball, S and S Bell, *op. cit.* p 49.
37 Alder, J, *op. cit.*
38 *Ibid.*
39 Redman, M (1993) European Community planning law, *JPL,* p 999.
40 Environmental assessment rules leave much to member states, *ENDS Report 252,* January 1996.
41 Directive 85/337/EEC, *op. cit.* Annex III.
42 *ENDS Report 252, op. cit.*
43 Ball, S and S Bell, *op. cit.*
44 Wathern, P, *op. cit.* p 6.

45 Jones, C (1994) ESs – numbers, quality and the EIA process. Paper presented to Conference on Assessing Environmental Statements, Aston University, 18 October.
46 Lee, N and R Colley (1990) Reviewing the quality of environmental statements. *Occasional Paper 24* (1st edition). Manchester: Department of Planning and Landscape, University of Manchester.
47 DoE (1996) *Changes in the Quality of Environmental Statements for Planning Projects.* London: HMSO.
48 Bently, J (1988) Three months to go, *Planning* 763; Wood, C (1988) EIA and BPEO: acronyms for good environmental planning, *JPL*, pp 310–321.
49 Wood, C, *op. cit.*
50 Milne, R (1988a) Explosion on impact, *Planning* 765.
51 Milne, R (1988b) Private doubts on assessment, *Planning* 754.
52 Bently, J, *op. cit.*
53 Groups unimpressed with impact Circular, *Planning* 756 (1988).
54 DoE (1988) Circular 15/88: *Town and Country Planning (Assessment of Environmental Effects) Regulations 1988.* London: HMSO.
55 *Ibid.* These thresholds are likely to change in light of the amendments to the Directive agreed in 1995. For example, intensive livestock rearing projects, where there are to be in excess of 85,000 broilers, 60,000 hens, 3,000 production pigs or 900 sows, will become Schedule 1 projects, i.e. EIA will be mandatory in all cases.
56 Profession told to wake up on impact, *Planning* 779 (1988).
57 *Reg. v Swale Borough Council and Medway Ports Authority, ex parte The Royal Society for the Protection of Birds*, 1991 JPL 39; *Reg. v Poole Borough Council ex parte Beebe and others*, 1991 JPL 643.
58 Regulation 4(2) Town and Country Planning (Assessment of Environmental Effects) Regulations 1988.
59 Carnwarth, R (1991) The planning lawyer and the environment, *JEL*, Vol. 3, No. 1, 57–67.
60 Ball, S and S Bell, *op. cit.* p 240.
61 Weston, J (1994) Assessments at the appeal cutting edge, *Planning* 1075.
62 Town and Country Planning (Assessment of Environmental Effects) Regulations 1988.
63 Glasson, J *et al.*, *op. cit.* p 153.
64 Regulation 4(2) Town and Country Planning (Assessment of Environmental Effects) Regulations 1988.
65 Weston, J, *op. cit.*
66 Carnwarth, R, *op. cit.*
67 Weston, J, *op. cit.*
68 DoE (1984) Circular 18/84: *Crown Land and Crown Development.* London: HMSO.
70 Salter, J R (1992) Environmental assessment: the challenge from Brussels, *JPL*, pp 14–20.
71 DoE (1994) *Evaluation of Environmental Information for Planning Projects: A Good Practice Guide.* London: HMSO.

* 原书缺注69。——编者注

第一章

环境影响评价所需的条件

彼得·布利德

引言

在本书中始终贯穿着这样的思想——只有通过必要的强制手段才能使环境影响评价有效。本章首先简单回顾并着重阐述环境影响评价的实施和它在规划体系中的地位。同时还将考察在环境影响评价中不同参与者的动机以及环境影响评价能达到怎样的满意度。以上的这些问题都是有联系的，它们关系着为什么和如何对这些问题进行研究。

笔者并不怀疑环境影响评价的潜力，只是对于环境影响评价这个新引进的技术应用于一个已存在规划体系的国家后是否依然可以有效地发挥潜力有一些疑问。因此需要对环境影响评价中主要参与者的观点逐一地进行分析。这样即使仍无法解决上述疑问，但至少把问题暴露出来，给予读者一个思考的空间，同时对环境影响评价的价值有更深入的认识。随后将通过一些无需实施环境影响评价的案例来分析它们不需要的原因。

背景

乔·韦斯顿在导言中已经就环境影响评价的背景进行了详细的阐述，但是其中的一些方面还值得再次重申。英国在发达国家中相对较小但人口比较集中，因此民众的环境意识发展较早也不足为奇。这些可在英国的早期城镇规划者的著作中找到印证。但是一些自然条件比如土地的约束直接影响了环境保护的内容，使得早期的环境评价只着眼于区域的分配和土地的使用上。因此自 1947 年《城镇、农村规划法案》出台后，一种新的规划体系应运而生，并已逐步形成了一种可以指导和调控发展的先进方法。同时这种体系还非常灵活，它可以随公众的关注和重点的变化适当进行调整。1980 年代中期，一份附带申请的规划报告正式开始介入环境事务中。

在其他国家，尤其是在美国，对超速发展和工业所带来的影响的关注并不仅仅局限于它们对土地所造成的影响，而是一种更宽泛的环境影响。特别是污染问题，逐渐成为工业超速发展所产生的主要问题。1969 年在《美国国家环境政策法案》中明确提出了对超速发展和工业所带来影响的关注，同时进一步确立了生态影响评价的概念。很快环境影响评价应运而生，并纳入了社会经济影响评价体系。在1970年代后期，这项新技术还被应用于国家政策和规划中。

在欧洲，至少在欧洲经济共同体国家，1970年代时也已开始关注环境问题了。然而，就评价方法而言，美国比英国更适用于欧洲经济共同体国家制定的环境和规划体系。最终涉及环境影响评价的欧洲经济共同体85/337的《指示方针》正式推行，英国政府被勒令在3年内完成立法并正式实施《指示方针》的各项要求。

1988年6月，离规定期限不到一周时，英国终于把这个“舶来品”引入到了一个已经发展相当完善的规划体系中。如果反欧派的恐慌得到证实，那么拥欧者们就有一个极好的机会把典型英式妥协中的两种制度结合在一起。然而这最终还是一种妥协，即使曾经有过雄厚资本的奠基，这种制度也不同于原本可发展的制度。这个被“强制联姻”的产物在实施了7年后，现在是达到了推行者的期望还是出现了他们最担心的问题呢？

英国政府的态度

如乔·韦斯顿在导言中所讨论的那样，英国政府怀着非常欢迎的态度来推行环境影响评价的说法是不真实的。在欧盟的《指示方针》下达不久，撒切尔夫人就发表了关于绿色逆转的言论，并表示政府通过一项必要法案的时间将对环境事务的实行具有深远的意义。尽管如此，英国政府最后不得不通过该项立法并于1989年正式出版《指示方针》的指引文件。[1]

由皇家污染检查所出版的《坏境评价：评价过程指引》（1989年）中定义了属于表1和表2的工程，并在指引附录2中详细说明了哪些工程虽属重大但仍可归类于表2中。很显然，按照这样的划定属于表1的工程非常少。并且若在设定表2工程时将其上限阈值相对提高，那每年基本就没有什么工程需要进行环境影响评价了。在1988年6月到1989年12月期间，共有467个工程项目实施了环境影响评价，1991年有321个，而2000年需要实施环境影响评价的项目竟然比往年都要少。那到底问题出在哪里呢？

或许这仅仅可以看作是英国政府工作的一个失误。然而英国政府与欧盟就立法问题进行争辩时从不滞后于对英国可能所要付出的代价进行估算，并试图扩大立法所造成的负面影响。从这点来看，又很难说英国政府对评估项目数目以及后续责任的低估是故意行为还是确实是一次失误。

作为开发商和地方政府“指引”的一部分和对法规的诠释，英国政府的《指示方针》更表达了这样一种意愿，即许多环境影响评价程序不是必须的。

在向国务秘书申诉的案件中就有关于申请者认为实施环境影响评价不必要的案件，这就更说明了这一点。英国政府以及国民的态度造成了实施环境影响评价数量的大大减少。

后来英国政府对表2中的工程项目范围的扩大更印证了他们对环境影响评价所抱的消极态度。尽管他们已把农场、高速公路维修站、海岸保护设施，私人收费公路添加到表2中，但还是忽略了其他一些具有争议性诸如渔场、高尔夫球场的工程。[2] 也许列入表中的工程数量还会继续增加，不过增加速度可能会远远低于某些政府官员的期望。或者反过来说，如果政府不再阻挠，接受环境影响评价的项目数量也将大大提高。

1985年欧盟开始意识到了《指示方针》的种种缺陷，接着便制定了一份修正案作为原方针的注释。修正案的出台使表2中的基础工程项目范围在很大程度上得到了扩展，同时，也为如何诠释"重大影响"提供了全新的指导。评价项目要求下限的降低意味着更多的项目需要接受环境影响评价。同时新的修正案也给予了方针中的术语"重大影响"一个全新的诠释。尽管修正案的最终版本还将不断完善，但没有丝毫迹象表明这将减轻开发商和规划体系的负担。这与英国政府为减轻负担引进环境影响评价体系的本意背道而驰。

那么政府对降低经济负担是否已经有了自己的解决方案了呢？据英国环境署估计，他们添加到表2中的工程项目数量除了上述所列的那些外，每年还会再增加20个。另外他们还估算出实施每个环境影响评价的平均费用高达25000英镑，这样高昂的费用势必造成很大的问题。政府已经意识到了如此巨大的直接财政花费，不过该费用是否由国家承担仍在争论中。

这笔工程项目直接费用如此之大正触及了政府对欧洲，更确切的说是对欧洲立法的顾虑。尽管这与当时的环境并不冲突，但政府仍将其作为规划时必须考虑的影响因素之一。在布鲁塞尔召开的"保持真空"会议中作出了一些决议，但对资源优化配置却起不了关键的作用。实际上这些决议是以工程本质为基础，站在地方的高度所作出，这正是问题的所在。在实施环境影响评价时，评价的范围和模式应由地方的实际情况决定，过分地依赖于欧洲法规（或者说是生搬硬套）会导致遗漏一些必要的调查过程。一旦形成了这样的观点就会惊讶地发现"评价范围"这个概念被接受经历了如此之长的时间。《指示方针》的最初修订版中将"限定范围"作为评价时的必要步骤，这也成了一种便利机制，有效地抑制了在投资和发展上对环境影响评价过分需求时所存在的阻碍。

实际上政府希望能够拥有和管理工程项目，至少是他自己的一些项目，比如公路建筑或者国家的一些战略性工程项目。一些私营开发商在开发工程项目时需接受法院对其环境影响报告的详细审查，而政府部门对于自己项目的审核却更乐意不通过法院自己执行。诸如“环境影响报告是惟一可反映可能环境影响的正式报告”这样的观念不足以使大家相信环境影响评价是惟一能使决策者做出客观决策的最好机制。

地方政府的观点

地方政府不承担有关环境影响评价规则的管理责任。这些职责要求投入额外的工作量和资源，考虑到要降低职工和成本的压力这个前提，环境影响评价就不会受到欢迎。而实际情况却恰恰相反，其中的原因是什么呢？

首先专业规划者们发现，在递交申请报告同时要求附上环境影响报告有助于决策者对期望的发展作出一个全面的决策。许多地方政府诸如肯特郡议会曾签发了一份关于环境影响评价的指导书。实施环境影响评价的好处在于即使开发项目的最终决策不经地方政府而直接递交巡检员或国务秘书实施，他们也无权提出环境影响评价体系规定以外的要求。

这点是合理的，这也是环境评价的最终目的。环境影响评价体系如此受欢迎还有其他的一些原因。环境影响评价体系的实施在创造就业机会的同时也在一定程度上改善了环境影响评价操作者的当前待遇。再者对于那些面临着要降低成本同时还要使工程达标的管理者们，环境影响报告具有不可小视的价值。在开发商面临一些具有争议性或敏感性的项目时，通过实施环境影响评价可以帮助他们赢得时间来选择在合适的政治时机实施工程，当然这也可成为该工程项目搁浅的最好开脱理由。许多不受欢迎的提案可能因为环境问题而被否决，但若环境影响报告说明该提案无不良环境影响则可有效地逆转许多反对的意见。反过来即使只有一份环境影响报告中提到工程可能产生不良环境影响，那么该提案就可以很快被否决，此报告也可作为有力的依据。奥尔德（1993 年）的这种观点曾在乔·韦斯顿的阐述中被引述过。[3]

不管地方政府钟爱环境影响报告是出于什么原因，对于一些相对较小地方部门工作人员在撰写影响报告时是否可准确地运用评价过程中所得的有用信息值得怀疑。因为毕竟地方政府的专业技能是有限的，不可能也没有能力把开发工程中出现的所有问题都记录进去。

此外，即使是议会的工作人员也很缺乏撰写环境影响报告的机会，更没有足够的时间去训练。若财政预算富余则可以考虑聘请专业顾问评审环境影响报告。这里要重提一下那个泰晤士峡谷案例。尽管那份关于发展的重要提案在呈交时随同附上了内容详尽的环境影响报告，但还是很轻易地就被否决了。因为在随后的现场调研中发现了许多重大的漏洞，大约有 50 个潜在的环境影响在调查中没有被发现，同时现场调研的结果也与环境评价报告中的描述有很大出入。

法规的目的之一就是利用环境影响评价为提案寻求更好的选择。对于地方政府而言，考虑区域土地利用的问题前充分考虑土地的优化选择，这样对决策者很有帮助，而大部分的环境影响报告却恰恰缺乏这样的步骤。环境影响评价的最初意图在于寻求工程合适的实施地点外还要选择更优的技术。然而实际情况中（至少在一些规模较小或中等的工程中）很少有申请者在接受评价时能够提供一个可供选择的地点，而仅仅留下了一个造成影响后的技术解决方案。对于一些政府认为是国家行为的大型规模工程诸如公路工程或核工业，地方政府却无权干涉。当备选地点位于地方政府管辖区域之外时，这种权力限制的不合理性就表现了出来。

许多欢迎环境影响评价体系所提出的审核要求但却对其实施结果非常失望的地方政府决定采取行动来解决这个问题。以肯特郡为例，只有在承认了这些评价过程的价值后才能试图保证环境影响报告有标准化的内容和待解决的争议。不管申请者是否乐意接受这个已颁布的指引以及指引中种种要求赋予的责任，改进指引中的不足之处是地方政府义不容辞的责任。6 年后政府按照自己的政策和思路发表了一份有关如何撰写环境影响报告的文件，这是第一份公开的参考草案。[4] 这将成为今后环境影响报告撰写模式的基准，不过这也会带来一些弊端。因为并不是所有的案例都需要使用这样的模式，这必将带来“杀鸡用牛刀”的负面效应。

开发商

如果有人对环境影响评价体系抢有矛盾心理，那一定是开发商。因为在引进环境影响评价体系后，一连串的连锁反应接踵而至。首先开发商们需要根据指引中的要求将工程项目提案的各个方面毫无保留地展示给公众，准备来自于批评家和监察者的审查。再者指引中所提出的要求会给工程增加不小的额外费用，而通常投资基金还没有到位时就须支付这笔费用，这样就增加了公司财政危机的可能性。环境影响评价无形中还增加了工程实施的时间，因此开发商还需尽早地规划和实施工程。

当然大家所关心的是通过环境影响评价规范工程的设计后是否可减小工程项目风险并降低最终的成本。若可以实现，则环境影响评价所带来的价值将远远超过了其本身的操作费用。不过那些已长时间接受地方政府对环境影响报告的各个细节进行审查的开发商们是否会同意以上的观点就不得而知了。如果工程在开始时就已经过全面的规划管理，环境影响评价的作用就很不明显了。在这样的情况下撰写环境影响报告以寻求最优选择并精简设计的步骤都可以省略。那工程项目的风险、可行性研究以及价值评估的作用又体现在哪里呢？

环境影响评价体系果真会给开发商带来如此多不便吗？未必。并且没有哪个开发商会幼稚到愿意放弃大量的工程评审通过书或者认为监察、执法部门不会对项目提案的一些方面及其可能造成的环境影响感兴趣。这样，一种可以解决所有问题的方法就显得尤为有效。另外银行对开发商的环境债务变得越发敏感，因此其对环境影响报告的审查就比地方政府要严格的多。通常，工程项目长期的投资错误所造成的损失将远远大于规划决策的失误，所以商业操作法则便成为了开发商考虑最多的问题。

顾问

环境顾问这一行业在最近10年里如雨后春笋般蓬勃发展。特别是在经济萧条、其他工业不景气的时期，环境顾问行业却没有受到丝毫的影响。其中欧洲经济共同体的《指示方针》起了推波助澜的作用。那么是否环境顾问们把环境影响评价体系看作一种“养家糊口”的手段呢？

也许对于某些顾问们来说环境影响评价确实就像餐券一样可以给他们一个填饱肚子的机会，但是这也不是一份简单的差事。因为大多数的委托者最关心的莫过于成本，所以通常他们是在既具竞争性又相对平和的情况下才抛出合同。虽然对于所有的顾问们而言，环境影响评价的中心部分依然是一项实在且很受青睐的工作。但对环境影响评价与确定评价范围的需求还主要出自顾问及其委托人的商业利益。

那究竟顾问们的服务对象又是谁呢？从长远的观点来看应该是“环境”，更确切的说是公众对环境的关注。就这点而言任何对环境问题进行过广泛评审的行为都是合理、符合公众意愿的。但是对于要为之付账的委托商们，情况恰恰不是这样。他们并不在乎通过顾问们的帮助环境可否得到保护，他们所关心的仅仅在于提案能否顺利通过。那么顾问对于环境影响评价体系以及其实施范围是否赞成呢？

环境影响评价实施质量的评估报告从公布至今一直受到委托者们的关注。[5] 有些委托者认为从评价报告的结果来看规范的要求并没有在那些环境影响报告中体现出来。而另一些人则怀疑顾问们所得到的报酬是否与他们所写出的环境影响报告质量成比例。不过事实是，在环境影响报告递交后不管报告的质量如何，就再也没有人对工程是否需要执行环境影响评价进一步去考虑了。

品质和需求是环境顾问行业的关键，只有在不断的自我调整和完善中这一行业才能得到蓬勃发展。许多行业带头人都意识到了这一点。英国的环境评估委员会在为顾问们进行注册评审的同时还起着监督行业操作、制定行业准则的作用。一些个体顾问公司及一线实践者们都投入了大量的时间和精力致力于出版一本有关解决环境影响评价中个体问题的指南。如今每年都有越来越多的工程项目接受了环境影响评价，许多公司也开始为每个评价项目作追踪报告，以记录工程项目实施各阶段的成果。

公众

如果说开发商对环境影响评价过程持有偏见的话，那么公众的态度则完全相反。通过完成环境影响评价的要求，决策者们只需查阅环境影响报告就可以得到所需的信息并作出准确的决策，而这在从前是绝无仅有的。然而在实际操作中环境影响评价体系所带来的这些好处并不总能被人所意识到。

首先，环境影响评价的评价范围通常由规划者划定，而其中未免有不少人认为评价后所期望达到的目标与公众不同，特别是一些潜在的反对者。其次，对于环境影响评价的研究，尽管规划者们力求做到真实和完善，但难免遗漏一些较重要的问题反而突出了部分次要的问题。再者，诸如环境影响或环境本身的其他问题原本就非常复杂，外行要全面理解这些问题有相当的难度。

环境影响报告的评审要接受公众的质疑，这无疑给环境影响评价体系的实施又带来了额外的难度。因为对于外行而言这样的质疑工作并非一件轻松的任务，许多反对者认为这样的过程在环境影响评价体系中起不了很好的作用，却常常会造成时间的浪费。当然如果他们只是以金钱作为评判价值的标准，那么在考虑用于环境影响工作的直接花费、规划官员及法律顾问耗费的评价时间以及用于公众质疑过程的花费后，整个过程怎么也不可能达到令人满意的程度。也许这就是政府一直当作“负担”的“潜在”成本吧。

当公众和潜在反对者参与环境影响评价和发展方案的审核时，他们又可能进退维谷。尽管官方一直鼓励群众参与评审过程，但往往不能尽如人意。通过公众参与是否可扭转最终的反对意见？是否可使原本因为与反对者意愿不符而被否决的方案重新被考虑？无论如何，即使有以上列举的种种困难的存在，环境影响评价规范中的要求仍广泛地受到了公众的欢迎。

通过对环境领域中各不同参与者进行分析后，可以得到这样的结论。首先，对于环境影响评价体系的引入，支持者和反对者意见分歧很大，但比较并不完全。因为诸如统筹部门、负责规划过程的法律顾问或非官方团体及投资集团等也都可以加入到分析的对象中。再者，到底环境影响评价体系中哪些要求更重要的问题无法达到完全共识。不过倒可能有人认为不需要环境影响评价体系。最后的这两点——重要性和必要性，正是这里要深入探究的。

重大环境影响

先考虑一下这两个问题，环境影响评价规范中的要求有哪些？提出这些要求又有什么目的？如果提问那些参与环境影响评价的各个团体，他们又会如何回答呢？答案可以在《欧洲经济共同体指示方针》的85/336中找到。英国“蓝皮书”中第一、二张表中也详细地列出了需要进行环境影响评价的工程类型，同时将环境影响报告的模版内容列于附录3中。那么这两本书中哪本更有实用性呢？

这种选择好似一道哲学问题，令人进退两难。实践的目的就在于从调查中找出究竟什么是“重大影响”，然而实际情况却是只有在调查结束后才可能发现究竟影响是什么。那研究的对象到底是什么呢？这也许是学术上的一个漏洞吧。大部分的开发工程都可能产生视觉、生态和社会经济方面的影响，是不是这些影响就是研究对象呢？当然，以上所列举的影响并非要研究的“重大”影响。按经验来说，首先一些重大影响不可能显而易见，只有在工程的长期运作中才能显现出来。其次一些潜在反对者在考虑这些影响时又显得过于草率、片面和主观。因此即使是一个经过正规、严格训练的评审员也很难信心十足地来预言可能产生哪些重大影响。

此外，开发提案会受到计划、政策、规划纲要以及社会经济因素的影响，而如今大多数的提案只仅仅是一个综合了上述各种因素的解决方案。如果在不改变开发工程基础要求并维持现有的经济生命力情况下，要满足规划政策指引中注释第6和第13条关于城镇中心规划、土地利用以及交通设计[6]的要求，是否只需抵抗现存压力就可以了？是否即使需要考虑基础政策的备选过程，申请者们也无需在环境影响报告中撰写关于基础政策的内容？又或者将这一部分单独进行考虑？

在考虑这些问题时必须非常谨慎，因为这样才可避免因存在那些潜在的危险而畏缩，同时也可避免因接受那些孤立考虑提案的政策而忽略可影响社会和环境的基础力量。任何工程项目都不可能在一个完全孤立的环境中得到发展。重大影响通常由其他开发工程项目的各种影响综合而成，这些影响可能在现实中已存在，也可能是人们所预见的。到底怎么来考虑这些综合的影响呢？比如世界卫生组织（WHO）的空气质量参量可用来检测开发工程项目是否会引起污染超标，上述的综合影响是否也可作为管理者们设置的地方、区域甚至国家的发展影响限制指标？是否也应给予环境中那些互相独立问题一个完整的定义，例如将一个地方行政区域内所有工程的影响作为一个整体来进行考虑？

其实在1970年代美国也曾为什么是重大影响中的“重大”而困惑。在《美国国家指引》中写着：“重大”是有赖于所采纳尺度的不同而不同，就好比某个影响对于地方和全球程度肯定不同。因此，在评价某开发工程项目时需弄清该项目的所处环境及背景。安德鲁斯（Andrews）等（1977年）曾指出，无论工程的影响本身是非常巨大还是一般，是否属于“重大”只是相对于偏离基准的程度而言。[7]所以必须对地区环境的一些特性加以考虑。比如规定中要求冷却水在排入河流后所引起河流水温的上升不能高于一定限值，而这个限值则根据该河流中鱼类的合适生存温度而定。上述的这些方法在许多法规立法时已记录下来，其中“重大”的定义也在参阅了一些特殊限制标准后被定义。

为了阐明评判“重大”的难度，宾兰（Beanlands）和杜因克（Duinker，1982年）还建议根据决策者、公众以及参与环境影响评价过程的工作人员对“重大”定义的赞同比例作出最后决定。[8]尽管这种方法能保证这一研究得到广泛认可，但是实际上对建立“重大”的定义却毫无意义。

很多人认为“重大”应该是一个有量度的术语，即使不是，利用经验也可进行评判。以下是韦斯特曼（Westman，1985年）对如何评判环境影响所列的5步清单：

1. 案例分析——根据经验找出与以往案例相似之处；
2. 建模——通过定性与定量分析给出指示；
3. 测试与实验研究——小范围应用模拟；
4. 区域试验——再次测试生态系统对可能产生影响的反应；
5. 理论推断——专家根据理论基础进行影响预测。[9]

在这里他把影响产生的频度及量级都加入了可能性的考虑中，以保证对于“重大”的定义能够尽可能客观。如果在实际提案中完整地执行以上清单中的5个步骤将会非常有帮助。但是它却可能给小型工程带来繁重的负担，而且重大影响又是小型工程中最有争议的一步。

“重大”的含义也一直是英国权威们想努力解决的问题，很多例子都可以证明这一点。在英国环境署1994年出版的指引草案中只字未提“重大”这个词，只是建议在撰写环境影响报告时将环境中的关键问题加以描述，以此巧妙地绕过了这个麻烦。[10]曾提出“影响筛选”概念的克罗纳（Croner，1995年）则认为定义“重大”须考虑各种影响因素间的相互作用，同时他还指出韦斯特曼提出的5步分析思想和矩阵分析法可以作为评价过程中有力的工具。[11]环境署专函1/92规定如果表2中的工程对特定区域，比如一些特别科研基地或特殊保护区产生影响的则可被定义为重大影响。若地方规划局对所定义的重大影响存有疑义则可向相关法律机构进行咨询。[12]从而可见以上三者对“重大影响”的定义在细节处完全不同，因此确实很难对所有的看法达成共识。

运用5步清单的方法定义环境影响很常见。事实上，1989年环境署的指导就是个例子。它可以有效地将潜在影响系统地概括起来。不过这样的方法过于单纯化，对于相互作用的影响或二次影响显得束手无策，因此它在“重大”概念的定义上具有一定的局限性。矩阵分析法却可更精确地识别那些影响。[13]尽管它对分辨什么是“重大”仍苍白无力，但至少这已是一种复杂化方法，能够将各种影响清晰地分析出来。

这种由基础矩阵分析法改进的方法可以用于二次甚至更高次有序影响的研究，如果再辅以计分系统的帮助就可以确定重大影响了。不过这样仍存在着问题，即使再细致的研究也不可避免地掺杂主观的成分。并且所选择的参量比如评价区域的类型，到底是名义区域、顺次区域还是整体区域仍然存在很多争论。现今很多人开始热衷于对数据的分析，他们还试图通过利用一些重要指标来计算出提案中可能产生的影响。也许这些指标对“重大影响”的定义确有帮助，但是否比上述所提及的其他方法更有效则就不得而知了。

如果借助于网络的运用，矩阵分析法就可上一个新的台阶。这种由索伦森（Sorensen，1971年）率先提出的方法可以通过对工程产生的二次及更高次有序影响的追踪分析，估算出影响概率及程度。[14]此外，借助于计算机的应用该法还可测定一些复杂区域的影响或识别出影响范围的某一特定区域。不过由于这种方法的操作费用较高，目前还仅仅局限于对大型规模或更具争议性的工程项目进行评定。

当然这些日益复杂和专业的技术方法不一定能被广泛地接受。富勒（Fuller，1994年）等提出这样的警告：

> 最后想说的是必须谨慎地使用常规方法来确定评价范围。运用清单或矩阵分析方法确定环境影响报告的初始范围可能导致因面对后续评价过程中所遇范围外的问题而手足无措。更恰当的方法是按“清单”原本的字义——检查单来运用这两种方法。环境影响评价范围由专家建议确定，上述的常规方法可作为检验关键环境问题是否被忽略的保证。[15]

不过在评价过程中也可能遇到检测的工程仅仅存在一些无关紧要的影响或者没有影响需要评价的情况。这种由结果所造成的成本应用有效性的降低、潜在投资者积极性的减弱以及公众信任度的丧失正是英国政府努力去避免的。

当认识到了这些困难并根据参与环境影响评价各团体的不同意向将这些困难结合起来对待时，可以发现不出10年所有问题都可以得到解决。环境影响报告的质量将得到很大的提高，环境影响评价体系的实施也将变得更加灵活。尽管如此，我们还利用真正有用的工具来辅助决策制定的过程。如果说改进评价方式是现今要做的工作，那么接下去就应努力寻求什么是真正的

"重大影响"。

前景

一种吸引人的说法认为对于上述环境影响评价中的要求均可从立法中得到很好的指示，这点不假，但是从某种程度来讲却并非如此。《欧洲共同体指示方针》的最初版本和1988年发布的《规范》都需要进行扩充并重新修订。

对《欧洲共同体指示方针》的修改将大大扩充需要进行环境影响评价的开发工程项目，同时它还对可保证通过环境影响评价的工程项目尤其是一些较难实施的基层工程项目的特性进行了重新定义。比如普通铁轨工程若须改造成电轨或双轨则必须执行环境影响评价。实际上修改后的《欧洲共同体指示方针》目前已在很多国家开始试行了。这些修改带来了可喜的变化，但同时它也反映出在执行过程中若单纯依赖于这些法定的定义会给操作带来一定难度。举个例子，那些由新操作模式或非电子信号控制，并能在给定路段实现双倍运营的铁路开发项目的性质就无法定义。难道就这样把这类开发项目排除在外吗？还需依赖于所有对重大影响所作的诠释来定义这类的开发工程项目吗？

如果按照指示方针草案的要求强制确定评价工程范围，则对环境影响评价过程更有帮助。这个评价过程中的关键程序若不是因为其强制性，根本得不到国家政府的支持，这在许多其他国家也一样。这有些奇怪，因为在环境影响评价中设立"确定评价范围"的程序可以有效地帮助政府实现他们对环境影响评价体系所期望的目标。同时它还是参与环境影响评价所有团体认为可给他们带来利益的少数程序之一。

"蓝皮书"中建议开发商和地方政府就环境影响评价的形式和内容及早进行磋商。确定评价范围作为评价过程中的一个强制性步骤不仅可以规范评价过程，并且能使开发商和地方政府对环境影响报告基本内容达成共识。也就是确定哪些影响是重大的，哪些是应该在环境影响报告中加以指出的。本章的目的并不是为了讨论确定范围的机制怎么样，而是希望通过这样的阐述说明这些努力并不是白费。因为通过"确定范围"步骤的执行可以避免很多可能造成成本提高和工期延长的不必要的工作，包括提案本身产生的影响甚至整个环境的重大影响。

磋商是解决问题的一个好方法，它可以帮助参与环境影响评价各团体更好地理解提案，体恤其他参与者的责任及顾虑以便在各种规划申请上都能够达成共识。开发商们总有一种认为他们所提出的提案会被自动否决的趋向，因此他们总是在开发工程时采用非常"高深"的方法。同时这还导致了他们在提交报告时尽量保留关键信息以免招致潜在反对者的攻击。实际上大部分的法律顾问及一些集团或利益部门处事都非常谨慎，对第一次接触的事物均保持一段安全距离。但如果让上述团体熟悉工程项目提案，或者更好的是参与到工程的进展过程，那么就算提案不能完全被他们接受也可以从他们那里得到一些真正有建设性的意见。

因此对于开发商而言，准备好一个完善的磋商程序有百利而无一害。首先可以从可行性分析阶段开始，地方政府和法律顾问在得到一切已准备就绪消息的同时也随时给予开发商所要求的相关信息。企划开发阶段是一个可以把蛋糕做大的阶段，若在此阶段善于捕捉机遇则可以对企划产生有益的影响。这两个阶段可帮助减少提案中多余、可能最终被否决的部分，同时也增强了各方的团队意识。在发展环境影响评价体系的同时也考虑使用该磋商过程，则环境影响评价体系的发展将变得更有针对性。在申请阶段开发商如果可以把所有相关材料的副本递送给其他团体，即使不能减少最后决议中的反对人数，也反映了开发商对于磋商的诚意，有利于推动磋商过程的进行。许多有经验的顾问们都建议委托人把这样一项程序作为环境影响评价中的常规步骤来执行，那么在评价过程中要求对确定工程范围也就成为必然了。

然而参与环境影响评价的各团体在评价范围确定过程上总存在着各种各样的分歧。不过这似乎很平常，因为在许多案例中就连那些诸如是否需要实施环境影响评价这样的基本问题都达不成共识。有时地方政府坚持在某工程项目申请时进行环境影响评价，而该项目的开发商或工程专业顾问认为该工程既不属于规范中的必须评价工程又不可能产生重大影响，因此无须接受环境影响的评价。事实上，解决问题的方法在1988年《规范》中就有所涉及。《规范》规定开发商可以要求地方政府就其提出需要进行环境影响评价的理由作出解释，并且若开发商对地方政府提出的其他要求不服还可向国务秘书申诉。

这是一个非常重要的规定，它使许多不必要接受评价的工程项目提案不再需要评价，同时它也成为政府部门统计需要执行环境影响评价工程项目数量的方法。在实际应用中，开发商们却很少按规定中所说的去做。就1993年而言，在提交的环境影响报告数量达数百的同时，英国环境署处理的申诉案例却只有不到10起。这似乎是一个奇怪的现象，因为如果申诉成功开发商可避免许多不必要的工作，这显然应该得到他们的欢迎，但情况却恰恰相反。

在过去的10年中人们越来越热衷于去考虑各种行为可能对环境造成的影响。不管在环境影响评价体系引入初期大家对强制实行该体系报着怎么样的态度，最终对环境影响评价的需求已从1988年《规范》上快速扩散开来。如今议会委员会在处理私人议案时也要求当事方提供环境影响报告。1992年签订的《运输与工程法案》为铁路、水路运输及港口施工制定了新的评审程序，其中特别要求所有申请者在提交申请时必需附上环境影响报告。1988 年《规范》中也添加了法案指导的部分，详细阐述了环境影响评价过程的各种要求。这样，很快欧洲立法机关就会把环境影响评价作为评审工程是否需要进行改变的先决条件，而忽略了其现存的一些法规和欧洲各国的国家法规。

不过《运输与工程法案》还为那些向国务秘书申请免除环境影响评价的工程提供了保护措施。如果那些申请免除环境影响评价的工程产生了任何不可忽略的环境影响都可能备受指责，因此这样的措施保证了工程项目不成为一种无保障的负担。尽管如此，在《法案》实施的两年中却还未签发一份免除证，第一项免评价的工程现在还在考虑之中。这样看来环境影响评价对各类提案的必要性似乎已被开发工业一些部门普遍接受。

如果暂且先不考虑政府部门最初的态度，作为环境影响评价的延伸这样的规定是否为所有工程项目所必需？它是否能实现公众期望实现资源最优化的愿望？对于那些没有通过免除评价的工程项目当初到底是根据什么条件进行申诉反对地方政府提出的需要环境影响评价的要求呢？要回答这些问题，先来看一些已提出申诉或正在申诉的案例并探究一下它们最后的结果。

可被免除实施环境影响评价的案例

1993 年巴顿·威尔默（Barton Willmore）这家为顾客代理切尔滕纳姆（Cheltenham）地产业务的公司，为一零售店、加油站和停车场撰写了一份规划申请书。尽管在这份文件中没有附加环境影响报告，但相关的环境问题在文件中却有详细注明。不过地方规划局还是认为该工程属于表 2 中会对敏感地区产生“重大影响”的工程，必须实施环境影响评价。

后来这家公司向国务秘书申诉要求重新鉴定该工程是否真的需要实施环境影响评价。因为他们认为现存的惟一一份有关需要接受环境影响评价的工程项目表是针对“城市开发工程项目”而言的，同时他们的工程也不符合会产生重大影响工程所定义的条件。

此外就环境署专函 15/88 的标准而言，该地区并不属于敏感区域。并且作为镇外购物场的话，它的大小也符合标准。那么评判这个区域是否属于敏感区域的依据很大程度上依赖于它的位置是否处于政府划分的绿化带内。从 1986 年的当地规划来看，此区确实被列于绿化带的范围内，但在后来的自治区规划中绿化带的边界从该区退了一些，从而使得该地区不再为绿化带所限制。

国务秘书指出，该工程应属于表 1 和表 2 所列工程的范围之外，而且它无需顾及是否处于绿化带以及区域敏感性的问题。同时他指示应该通过审核递交材料来考虑申请。

这家公司又处理了一项有关阿伯丁郊区新殖民地扩张的工程项目提案。这次的提案与当地规划依然没有冲突的地方并且城市规划部门也不介意是否提交了环境影响报告。但是苏格兰自然遗产部却坚持认为对该工程执行环境影响评价是必须的。通过双方的协商，主要矛盾才凸现出来。其中包括工程实施对当地产生的视觉景观影响、作为娱乐设施用地的毗邻土地的利用以及一个小峡谷的土地管理。实际上如果对这些问题进行针对性的研究并制定出合理的设计方案，矛盾便可解决。而对于该工程而言，环境影响评价似乎是多余的。后来在巴顿威尔默公司向国务秘书申诉要求重新鉴定是否需要接受环境影响评价前，苏格兰自然遗产部降低了其先前提出的要求，最终双方就工程项目的评审工作达成了共识。

最后的这个案例是有关一项道路交通的提案。该提案提出由附带小型引桥的立交公路替代东部海岸主干线上的两座公路—铁路交叉口。为了得到一些必要的操作权力，工程负责公司要求按照《运输与工程法案》的规定获得工程许可证。最初公司的负责人会认为环境影响评价的实行是强制性的，是因为《规范》规定所有的申请必须附带环境影响报告一起递交。然而在私下与交通部的工作人员交流中发现，这些不过是一种表面现象。那些申请免除接受环境影响评价工程项目所提出的申请理由无非就是地方政府对发展提案持欢迎态度或者工程项目可能造成影响的直接受害者不提出任何反对意见。而对于该立交公路的项目而言，主要问题存在于它是否会产生视觉影响或对该区域自然保护区产生重大影响。无论如何就该开发工程项目整体而言，它与环境影响评价规范中表 2 中所列出可免除实施环境影响评价的工程相比，在某些评判尺度上还是稍有欠缺的。正是基于这一点，这第一个提交免除环境影响评价申请的案例仍在考虑之中。

尽管只举了这三个案例，但是它们足以代表了那些正式或非正式免除接受环境影响评价的工程项目案例。从它们的身上还能发现另外一些有趣的事情。首先，相对而言很少有公司对处理这类案例非常有经验，因此它们一般不太会建议委托人申请甚至申诉要求免除实施环境影响评价。其次，从上述的三个案例中可以看出要求强制实施环境影响评价的压力是来自各方的，但主要来自于地方政府、法律顾问甚至开发商自己。第三，在这三个案例中所涉及的环境影响无一例是经过客观评价而被认为无需实施环境影响评价。尽管立法中为防止无效工作量而另设了安全措施，而实际操作中只仅仅利用它避免了一些不必要的经济花费和工期延误。

注释及参考文献

1 DoE (1989) *Environmental Assessment: A Guide to the Procedures.* London: HMSO.
2 Town and Country Planning (Assessment of Environmental Effects) (Amendment) Regulations 1994 (Statutory Instrument 1994 No 677).
3 See the Introduction to this book, page 19.
4 DoE (1994a) *Evaluation of Environmental Information for Planning Projects: A Good Practice Guide.* London: HMSO; DoE (1994b) *Guide on Preparing Environmental Statements for Planning Projects (Consultation Draft).* London: HMSO.
5 Institute of Environmental Assessment (1993) *Practical Experience of Environmental Assessment in the UK.* East Kirkby, Lincolnshire: IEA.
6 DoE (1992) PPG6: *Town Centres and Retail Developments.* London: HMSO; DoE (1994) PPG13: *Transport.* London: HMSO.
7 Andrews, R N L, P Cromwell, C A Enk, E G Farnworth, J Hibbs and V L Sharp (1977) *Substantive Guidance for Environmental Impact Assessment.* Washington, DC: Institute of Ecology.
8 Beanlands, G E and P N Duinker (1982) *EIA in Canada – an ecological contribution.* Halifax: Institute for Resource and Environmental Studies, Dalhousie University.
9 Westman, W E (1985) *Ecology, Impact Assessment and Environmental Planning.* London: Wiley.
10 DoE (1994b) *op. cit.*
11 Croner Publications (continuously updated) *Croner's Environmental Management.* Kingston upon Thames: Croner Publications.
12 DoE (1992) Circular 1/92: *Planning Controls over Sites of Special Scientific Interest.* London: HMSO.
13 Leopold, L B, F E Clark, B B Hanshaw and J R Balsley (1971) A procedure for evaluating environmental impact, *Geological Survey Circular 645.* Washington, DC: US Department of the Interior.
14 Sorensen, J C (1971), A framework for identification and control of resource degradation and conflict in the multiple use of the coastal zone, Master's Thesis. Berkeley, CA: Department of Landscape Architecture, University of California.
15 Fuller, K, A Nixon, F Walsh and F Brook (1994) An eye to the future, *Environmental Assessment,* Vol. 2, No. 3.

第二章

环境组织的管理

迈克尔·李-莱特

引言

本书的前言和第一章表明，在项目开发的初始阶段一些私人专家参与到环境影响评价过程很有必要。有些案例中只有一到两个方面需要作为环境影响评价的一部分进行研究分析。而根据经验，大多数的案例会存在四个以上需要研究的方面。在研究时一般会运用到一个或多个项目方面的学科，比如运输规划、地理技术等。如果在项目方案中涉及到未开发的土地（无论是否在城镇内）通常都需要接受生态评估，并且几乎所有的此类项目都必须经过考古调查。以上只是环境影响评价对开发项目较典型的一些运用，若要突出项目中另外一些复杂或相关的影响就需要利用更专业化的分析方法了。

一旦把对项目各种不同投入需求建立在这样的方式中，便很容易理解参与环境影响评价各团队进行有效合作的重要性了。景观建筑设计师通常不喜欢风景地存在大规模建筑物；鸟类学家更多地关注于鸟类栖息地是否会受到影响；公路工程师也会迟疑于是否向既定的设计标准妥协。而要在这些相互冲突的利益中确定出哪个更重要，就必须由民主选举所产生的决策者们作出价值评判后才能得出。不过，在各利益团体及其代表就这一环境术语的议题达成共识前，提供的所有信息必须是公开公正的。出于不同的原因，出资实施环境影响评价的委托人希望开展的环境工作能与他们提交的规划书结合更紧密，设计更达观。这反映了环境影响评价实施的初衷，即开发项目须满足规划需要。

因此作为环境工作组的领导就需要具备一种综合技能。这些基本素质包括对各种技术问题的理解力、擅长于评估特别是优化评估、熟悉开发和规划过程以及具有管理和沟通能力。以下是成为“规划工作者”的基本条件：他必须是皇家城镇规划院的一员，同时他对环境工作非常感兴趣或曾经参加过此类工作。尽管这样的标准也适用于其他学科杰出的专业人员，但皇家城镇规划院的规划工作者们的优势在于他们的专业训练技能、职业特性以及宽阔的决策思路，使得他们更适合于作为自然环境工作组的领导。也许你会有些惊讶，1988 年首次提出有关环境影响评价法律要求后，造成了主流规划行业的衰退，该组的领军人物也很少由规划工作者所担任了。

本章将探求规划体系与环境影响评价的关系，并从中简要了解规划训练的过程。第二部分主要讲述规划工作者如何管理参与实践的环境工作组。其中，还将穿插一些基于假设的案例，以此论证所涉及到的部分理论。最后本章对未来环境影响评价和规划体系可能存在关系的相关评论进行概括。

理解规划产生背景

英国的规划体系自本世纪初期以来，已变换了许多不同的形式出现。"城镇规划"这个术语首次出自1909年的《法案》，它为一项有关批准地方权威机构掌管房屋开发地的规划议题提供了法律依据。地方政府理事会主席约翰·伯恩斯（John Burns）先生是这样评价这个法案的，"它保证了家庭的健康、房屋的美观、小镇的安详、都市的高贵以及乡村的清新"。[1] 有趣的是，1909年法案中有关公众健康的法律已与现今人们所关注的环境与健康问题相联系。

通过以1947年《城镇与乡村规划法案》为依托而实现的新兴开发项目价值国有化，规划管理的法制基础得到了进一步的提高。同时在准法律质询议程的不断推进下，那些规划期间重要的影响因素范围也得到了扩展。战后的法规制定、政策陈述以及技术研究也都以稳健的速度发展起来，因此1988年《规范》把法制化的环境影响评价体系引入规划体系之前，地方相关部门和其他一些决策者们就提出需要对环境影响进行解释。据估计，在1972年至1987年之间，英国对200－250个项目进行了环境评价，其中大部分为基础项目。[2] 在美国，规划管理受到宪法财务权的限制。为环境影响评价制定法规可以说是环境影响评价发展过程的一部分，可以追溯到1969年。至于英国，1981年通过政府的努力，一本指导如何评价重要提案的"实践手册"正式出版了。[3] 交通署也为公路规划者撰写了他们自己的环境评价手册。[4]

由于在规划的过程中必须顾及到利益和优先权竞争的平衡，因此不可避免地会受到社会中政治观点变化的影响。本书将战后规划的发展过程分为几个阶段，每个阶段都有特有的显著变化。例如，自1971年《规划法案》得到巩固后，房屋改善、交通容量、城市改建以及城镇风光就开始成为优先工作的重点。将这个环境时代的优先工作重点列表可以发现，很多城镇未来规划趋势也已体现出转变的迹象。逝去的并非过时的代名词，每一时期的新工作重点均会交替地加入到规划问题列表中，而不只是简单地由后者替代前者。类似的，1988年的《规范》也可以作为必要分析的一部分，从规划的角度对新提案进行评估。

中央政府撰写了一本有关环境影响评价与规划过程关系的指导书，但事实上其内容比较浅薄。该指导书的主要资料来源还是"蓝皮书"。"蓝皮书"把《欧洲经济共同体指示方针》作为附录，并提供了有关1988年英国《规范》如何应用于规划体系中的指导。[5] 这样可以很清楚地知道：

> 权威们已从开发商那里获得了审核规划申请报告所需要的所有信息，包括环境影响的信息……环境影响评价的创新点在于它更注重于系统的分析……信息的表达……以及需要改善或减少环境影响的范围。[6]

不过，在那些用来表达环境信息的技术都还处于发展阶段时，评估未来开发项目间可能引起的复杂作用的过程早已成为规划者们工作中的关键步骤。有关评估过程的原理在一本名为《评估在规划过程中的应用》的书中有所涉及。该书出版于1975年，书中还包括一些利用不同方法来比较和评估项目的内容。[7] 无独有偶，玛格丽特·罗伯茨（Margaret Roberts）编写的《城镇规划技术》（1974年）表明，早在《欧洲经济共同体指示方针》（1985年）制定前，规划者们已开始处理相关的部分环境问题。[8] 现今已广泛用以表达环境影响的矩阵分析法也在环境评价应用前就在规划中所用。

规划者，培训与环境影响评价

规划者的教育程度可反映他是否能对项目的潜在联系有更广阔和深层的理解。专业的规划团体最初建立于1914年并命名为城镇规划院。后于1971年得到皇家特许状，开始为公众健康快速推进工作。近年来，强调规划教育课程的做法引来了越来越多的争议。这并非偶然，因为该领域对专业技能要求的范围也变得越来越广。在最新的政策报告《规划者教育》中对规划者必须掌握"特定知识"还是"其他技能"进行了区分。对包括"环境与发展"在内的旧式范畴，是这样评述的："成为资深规划者的关键是他必须能将范畴中各领域的知识结合运用。"[9]

规划是一项涉及未来的工作，公正的态度和平常事物构成了规划的两个基本要素。在欧洲议会颁布的《城镇规划者章程》（1988年）中有这样的一段说明：

> 城镇规划……是面对社会各个阶层并建立在各种互相关联的空间水平上的。它对现在以至未来社会特性的产生，包括物质上，经济上，机构上以及环境质量上都起着不可忽视的作用。

规划的"画布"究竟应该做多大取决于环境议程的大小和复杂性。而后者1985年促使整个欧洲接受了一个法制化的环境影响评价体系。

通过规划培训所获得的专业技能也不相同。皇家城镇规划院为规划培训学校制定的指导大纲上列出了"专业技能的构成"，其中包括"能清晰分辨问题，在实际中综合运用知识的能力”、“解决综合问题的能力”，要求他们“工作如规划部门领导或成员一样有效”。这些能力是建立有效的、以项目为导向的环境评价工作的基础。对于那些接受过专业技能培训、实际能力较强的专业人士而言也非常重要。

那些在第一线工作的规划者们除了要拥有职业的培训背景外，还应充分认识到从各种各样原始资料中获取信息的重要性。处于规划体系前沿的开发管理者早已开始将磋商过程作为保证决策之前对规划方案作出技术评价的方法。环境署最近的研究表明，咨询是规划专家对所提交的环境影响报告中技术问题进行评审的最好方式。[10]早在1988年《环境影响评价规范》制定前，顾问行业就应运而生并成为评审开发提案的一支生力军。过去，风景规划提案通常交由该地区分管风景规划的人员进行评审，而诸如公路或给排水之类申请的评审工作则由负责部门的专业项目师来处理。随着1970年代私人规划项目的不断发展，在规划者中建立了一支在项目设立初期就能作出时间安排并确定人事任命的专家队伍。也许经过1980年代至1990年代初期这段时间，这支队伍的成员职称也最终被提升为大集团土地拥有和开发者。

环境影响报告与规划书

尽管规划申请书和环境影响报告相互关联，但两者还是存在许多相悖之处。在对英国的环境影响报告的质量调查中发现，这些环境影响报告存在非常多的缺陷，尤其是在环境影响评价体系实行的第一年。[11]大部分批评意见认为报告缺乏目的性，没有指出短期或剩余影响，而且分析也很肤浅。由于许多环境影响报告中存在陈述缺乏逻辑或编辑混乱等问题，使得它们的可读性大大降低。尽管早期环境影响报告的总量略高于那些有关开发项目对环境产生可能影响的专题报告数量，但与环境署出版的“蓝皮书”中所提出将来可用来处理这些问题的新方法的数量来比就差得远了。

环境影响报告与规划申请书的这种不和谐关系正反映了两者参考标准的基本差别。规划局在撰写规划提案时，除非存在一些非常重要的注意事项，否则批准提交的规划必须服从于开发计划。[12]中央政府规定，开发计划方针应着眼于有关“开发和利用土地”方面的事务，而属于“重大考虑”的事务条件则应相应放宽。[13]因此，对于规划申请书而言，开发计划方针和有必要“重要考虑”的事务是突出的两部分内容。另外环境影响评价中包含的事务（比如其产生的影响被认为是“重大的”）的数量也相当多，不过它们都在《欧洲经济共同体指示方针》中一张详细的列表中被集中列出，其内容被摘录于乔·韦斯顿编写的引言中。[14]

在实际应用中，环境影响报告的内容多为自然科学方面的问题。并且许多非专业人士总是更多地把环境影响报告与生态学联系在一起。

英国早期法制化的环境影响评价体系目睹了规划议程与环境影响评价过程若即若离的相互关系后，也许就不会再惊讶于规划者为何无法发挥他们作为环境组织中的领导者所应有的潜质了。

另外，据统计参与项目规划方面的咨询非常少。即使是在一些主流的开发项目中，接受此类咨询的项目所占比例还不足1/4。[15]对于那些更为技术化或特殊的开发项目，如废物处置、矿物提取等，上述比例也许会更低。尽管在一些项目小组中不乏规划人员的参与，但是起主要领导往往是那些环境或项目顾问。由此可见，规划思想在一个非规划项目的操作中很少能够起到主导作用。规划者普遍利用环境影响报告来协同工作就证明了以上的情况。

项目的前期评估

在大部分商业开发项目中，规划者是所有参与项目开发的顾问中第一个开始工作的。因为无论是投机性开发项目还是相关于土地所有权的提案，它们的目标无非就是要保证能够通过规划的审核。因此在项目的开发初始阶段，规划者通常被要求就那些可能影响最后规划评审结果的问题提出自己的观点。其中包括项目是否需要实施环境影响评价，评价的预计成本，评价范围、耗费时间以及结论。另外，委托人所在集团的规划者或者担任相关工作的人员，也可以根据自己在规划及环境影响评价方面的经验以商业眼光评估项目。许多诸如优化方案，项目数量或地点等的关键决议都在这个阶段提出并被采纳。

即使一些主要的基础项目需要在技术以及经济可行性方面做大量的工作，项目的规划建议工作也应在开发初期阶段完成。地方政府若欲卸职，也需根据规划政策执行。同样的，如果项目还隶属于其他法规，比如《公路法案》、《水资源法案》或者《运输与项目法案》，则它还须在另外的阶段参照国家和地方规划政策里处理环境问题的部分接受额外的评审。

在项目开发的初始阶段，需要请特定的专家对项目中的敏感性问题实行前期评估。这通常基于研究数据并经过现场勘查后所进行。规划者与委托人通常可在评价范围和期限上达成共识，而其中规划者常常作为预备报告的中心协调者，提出报告最初的结论并从一个更广阔的视角分析项目的可行性。所有这些工作应在获得土地所有权前进行，接下去需要考虑的便是是否购买土地了。

案例 1

英国毗邻赫里福德（Hereford）和伍斯特（Worcester）市场的一块农田被出售给那里的房屋建筑商，奖励他们长期以来所作的贡献。在计划是否购买这块土地之前，建筑商们为了解该土地是否可以作为房屋开发之用并通过规划部门评审而对其实施了规划和环境可行性分析的研究。在对土地的调查中发现，其中有一区域被怀疑是古代遗址保护区。另外，该土地的土质比农业耕种土质平均水平还要好。在综合考虑了这些问题以后，建筑商们婉拒了政府的这份好意，买卖的磋商也就此搁浅。最后这块土地出售给了邻近的一个欲扩大种植面积的农民。

环境预备工作自项目开发的初始阶段起就显现出了不可小觑的重要性。因为只有在完成了项目可行性研究并且委托人对实施方案没有异议后，真正的环境影响评价过程才能正式开始实施。安德鲁·麦克纳布会在接下去的第三章中讨论有关评价范围的问题。可以肯定地说基于项目产生影响大小而考虑评价范围的方法能够得以顺利实施皆归功于早期的可行性研究工作。因此规划者在项目开发初期所做的工作对后续是否能够有效实施环境影响评价很关键。

是否需要尽早聘请专家着手项目处理通常都是商业开发商或者个体委托人非常关心的问题。随着日益增长的公共花费，政府部门设定了更严格的商业基准并且现在把它运用于公共提案中。由于环境影响评价可能造成项目成本升高和工期延后，所以自环境影响评价引入以来委托人一直对其施加着巨大的压力。尽管寻求环境友好的商业需求正日益增长，但它对消减委托人的抵触情绪却作用不大。有人提出实施一个常规环境影响评价需要花费 6 个月的时间及高达 50000 镑的成本费，也就可以理解了。

但如果在项目开发前，规划者对开发项目中可能遇到的环境问题预先有整体把握，那么项目成本就可得到有效控制。比如，对已公开的农业土地质量信息的调查或者对该土地污染记录背景调查等都可以作为项目规划者实施早期可行性工作的一部分。

过去，前期环境信息仅仅局限于一到两段有关白垩质高地受到影响或者森林消失造成后果之类的内容。而如今即使项目中存在很少一部分可能对环境造成影响的因素，根据 1988 年环境影响评价规则的要求，这些“小部分”的问题也要一一接受审查。在过去，若确定某些因素对环境利益没有或很少产生影响，就足以评判提案了。而如今却需要对报告中的备选解决方案进行比较，对涉及的环境利益价值进行评估，并结合开发项目计划及其他的政策评估项目可能产生的影响。以上对项目的调查所得到的结果将会影响到规划申请的接受与否，因此在开始阶段就选择一种实际可行的开发方法非常重要。这需要一定的项目管理和协调能力。

前面已经提到过，规划工作重点的变化应该添加到一张记录所有可能影响项目可行性因素的列表中去，而不是简单的转换了事。因此在项目开发初期要突出考虑的除了交通规划、商业生存力、社会团体、预防犯罪、城市设计、殖民规划等所暗含的问题外还应包括所有潜在的环境影响。如果环境工作的领导者想圆满的达到项目建设目的的话，他就不应该撇开上述因素。

确定关键问题

规划技术为帮助识别环境影响评价中的关键问题提供了许多有效的方法。对于一些诸如建设新机场或海岸超型采石场等复杂且大型的项目，尽早实施有力的项目影响分析非常必要，并且分析过程也要求做到系统化和透明化以便日后参考之用。而绝大多数项目的关键环境问题一般都比较显而易见，因此可以用较简单的矩阵来表示。在中央政府出版的《环境问题与政策评估》中，介绍了初级影响矩阵用以帮助解决项目实施早期阶段的一些环境问题。[16]

正式的评价范围确定过程涉及数据调查及不同环境组织团体代表之间的相互磋商。除此之外，对项目中的环境问题进行前期评价以帮助分析项目的可行性的步骤也不可或缺。同时还需要专家小组对执行项目的时间安排以及成本花费作出预算。

在项目开发的初始阶段，想要得到足够详细的信息不可能。因此只有一些具有相当项目经验的专家通过合理的假设，才能建立出一个影响矩阵。尽管并不是所有的假设都绝对正确，但这里的主要目标是为将来的工作尽可能减少多余的工作量，而不是追求科学研究的准确性。

在本阶段，若时间允许还可以开展研究样本数据的工作。因为通过对项目开发初始阶段进行规划而得到的项目实际信息可以帮助提升后续工作的可靠性。规划局在项目规划图里设置许多环境标记符号，并且以各种形式获得几年内几乎全国范围的有关的土地研究报道。自然名胜地可以通过查阅《英国自然》或者《地区生态学者》得以确定，而确定考古遗址则要通过查阅《国家历史遗址记录》或者《县区划和纪念性标志纪录》，不过后两者需要经过翻译才能查阅。其他可以查阅的资料包括《古代森林》、《环境敏感性区域》（主要针对农业）、《源头保护区以及氮敏感区域》（主要针对水质）、《运输政策与项目资料》（主要针对运输方面的项目）还有一些记录开发历史并有助于对土地污染背景进行调查的历史地图。

案例 2

一个由托运与开发企业组成的集团公司考虑在米兰西部修建一条新的公路/铁路货物运输通道，项目包括铺设一段新铁路并重新开放另一段被废弃的铁路。整个项目将按照 1980 年的《运输与项目法案》规定的程序执行，并被要求准备一份环境影响报告。前期工作的主要部分是确定该项目在规划期间需要对哪个影响投入工作最多、花费时间最长。从矩阵表示结果看出，噪声影响、沿线缺乏生态寄居、视觉影响以及轨道沿路废物丢弃影响是考虑的主要因素。结果与实际环境问题基本相符。这个矩阵也被用于指导后续工作的进行。

环境工作的领导者需要将可得到的所有资源运用到项目和环境中去，这样才能对那些有关未来工作导向的关键问题进行前期评估。委托人则通常会去耐心的等待这些前期评价结果，以帮助他们确定所要作出的商业性决策。

挑选小组成员

在结束了前期工作后，环境影响评价就真正成为了一种团队活动。很难想像如果一个人单独处理一系列的问题会是什么样子。

为了提高小组整体的工作效率，人员的选择就显得格外重要。通常他们应该都是从知名行业中被挑选出的富有经验的人才。另外，若他们中有住地离项目开发地较近者则会被优先考虑，因为这样才能做到成本有效利用的最大化。

除此之外还有一些组织或者商业性因素也需要进行考虑。比如项目的开发是否需要一个较大的股份有限公司参与为成本消耗提供经费，还是与一个最终也能完成任务的小型公司进行合作？咨询公司是否已具备足够的声誉可以让公司中的初级人员也去处理那些复杂的案例以增加边缘收益？实际工作技术能力是否比对商业规则的理解力更重要？顾问们若没有足够的资源是否仍可顺利完成工作？

在现今日益激烈的商业竞争中，如上所述的选择组员的标准在实际中往往只是被作为一种表面形式甚至有时不加考虑。由于不可避免的，对于委托人来说环境影响评价变得越来越重要，再加上时间紧迫以及需要解决项目各方面的困难，造成了小组任命的工作常常被忽略。这在一些更广泛的商业领域中也时有发生，似乎在选择人员时熟悉工作操作技能比适合该工作更重要。环境小组领导的作用就是利用自己在该行业中的技能弥补这个缺陷，并提升对环境顾问行业的信任度，配合他们更好的改善供求关系。

在1994年《环境商业目录》中列入的“咨询顾问”行业条目就有超过600条。服务于环境领域中的顾问规模小到私人业主，大到跨国企业。[17]除此之外还有不少于40个私人或公有的环境组织或代议制团体也参与了顾问行业，不过它们中很少持有行业认证证书。该领域中主要的环境科学资格认证相当于本科学位，不需要接受工作实习，并且该认证也不专为相关职业所设计。此外在这个相对不规范的领域里，个人的能力差别很大而且也不存在行业标准作为评判。因此若顾问提供了错误的意见，项目小组成员就将陷入危险的游戏中。

由此可见，若想为项目建立一支优秀的工作小组，小组的领导者不仅需要预见未来工作中可能面临的问题，还需明确可从市场中获取什么样的资源。所以他们要做的不仅仅是寻找一名专业人员来处理一些常见的问题，而是先要弄清可能遭受影响的环境利益的类型，然后再选择一些在相关领域富有经验的顾问来处理这些问题。在这个过程中到底挑选哪个层次的专家则依赖于项目规模、环境问题的影响程度与处理成功率的关系、项目预算、主要问题的涉及范围以及委托人的期望等。不过无论在什么情况下，小组的领导者都应该迅速地回应这些要求。

案例3

一家坐落于英国西南内部的项目公司自19世纪初期创建以来，占用了很大一块土地建造厂房。如今公司准备投资一项新产品，而投资资金的缺乏使得公司高层不得不考虑卖掉1/2的土地以筹得资金。但由于厂房的位置毗邻市中心，公司被建议将新项目融合于旧项目中共同开发，不过这样的话项目就很有可能需要接受环境影响评价。当地的规划部门已经开始考虑是否拆除旧厂房，以及其他包括视觉影响、运输隐患及社会经济影响等方面的问题。对于该项目而言，是否能够获准拆除厂房对公司接下去的发展很重要。经研究，公司选择了一位在工业考古方面非常有声望的专家担任项目顾问。这位考古学家的优势在于他不仅对开发事务非常有经验，而且对该土地过去的发展情况也非常了解。参与该项目的其他领域专家也努力地完成着项目中其他的需求。最后经过了长时间的磋商后，规划局下达了拆除旧厂房的许可。

考虑到如今英国的环境顾问数量和种类众多，因此为其分类并建立一个索引数据库对于小组成员的选择非常必要。现今已出版了不少此类目录，其中比较权威的是《环境商业目录》以及《ENDS目录》。[18]不过由于现在许多顾问趋向于拥有多学科性的才能，因此很难根据他们主要的专长来建立数据库，这也使得为一个特定的项目选择顾问有了一定的难度。各种选择都有各自的优缺点，但总的来说在这样一个竞争日趋激烈的市场中，只依靠狭窄的专业背景的做法是不值得提倡的。除了指定一个有经验且对可获取的资源有丰富知识的小组领导外，其他的小组成员都是可以临时调整的，毕竟研究成果是最重要的目标。

在组队时有两种方式可供选择，在开始组队时可以先用其中的任何一种，也可根据项目需求将两种方法结合起来。其中一种比较极端的方法被称为“散布法”，即将工作于不同行业的专业人员集中起来组成一支工作小组。这种方法经常在一些成本控制比较严格的项目中被采用。通常这样的小组具有小型化的特点，运作经费不高，专业化程度较低。尽管该法的灵活性和效率可能是一个问题，但由各零碎资源所带来的潜在价值却要高于由于效率低而耗费的小时费用损失。但该法很难应用于那些实行“品质保证体系”政策的事务中。

与“散布法”截然相反的另一种方法是将所需要的资源集中化，在操作中通常要涉及到一至两个多学科机构的参与。这些机构一般都比较大，在各地都有分支机构。并且它们在处理两个不相关学科间的问题时可以从多方面提出建议和解决方案。在一些需要由工作小组的名声来保证实施环境影响评价质量的情况下，尤其是委托方本身也是一个极具盛名的集团时将采用此法作为组队的首选。另一方面，有时候委托方也会认为选用这样的方法太依赖于一个单独的顾问机构，不免会产生一些片面的影响。此外委托这些富有声望的咨询公司的花费也相当大，同时基于他们的声望而选择这些公司的初衷有时并不能在日常工作中所体现出来。

案例 4

一个全国性的大供应商希望可以得到含矿物土地的稳定供应，特别是那些取得规划准许证可用作废物填埋的土地。通常而言大量填埋材料的运输成本非常高，因此选择一个临近的施工场地非常重要。为此该公司制定了一个专门的土地购买政策，即购买的面积较小的土地供应给当地市场，而可用于挖掘、填埋的土地则为人口主要聚集地服务。由于连续受到当地部门的反对以及难以取得规划许可证导致该公司把主要精力放在了新土地的获得与开发中，而只是在需要实施环境影响评价时才雇佣那些小型且便宜的当地顾问机构来操作。然而，这种缺乏战略性的土地运作方式使得土地在经过相当长时间的调查后才可能取得规划许可证。最后公司还是雇佣了一家资源丰富、富有名望的知名顾问机构为土地处理各种事务。

环境小组领导在项目开发初期应该充分利用备选资源对组员进行选择。同时，环境小组领导能否熟悉开发项目内容，预见规划和环境中可能出现的问题，在顾问市场中选择各种不同领域的人才，以及符合委托人和项目的需求，这些都是建立一支高效的环境队伍的前提条件。

协调小组关系

无论最终选择的是一支来自单独机构的多学科小组还是来自不同机构的多来源小组，都需要对小组进行管理与协调。的确，有经验的专业人士或许早已熟悉了对数据进行调研——观察——分析——报告的过程，但是由于各种项目有着不同的实施目的、可用预算、时间安排等因素，也造成了各项目提案特性的不同。

如果在一些相对较特殊的领域选择参与环境活动的专业人员，特别是以多来源方式来组队时，环境小组领导需要精心准备规定形式的投标过程以供委托人进行选择。若小组领导还被要求提交一份简明的报告就更费时了。对于来自单独机构多学科专业人员组成的小组来说，尽管在应招时仍需递交规定格式并且具有一定竞争力标书供委托人选择，但环境小组领导通常由该机构中最具有能力的顾问担任，这样就为项目争取到了宝贵的时间。

在涉及到小组选择的问题时，环境小组领导需要考虑是什么因素可能影响环境小组整体的效率和效力。尤其值得注意的是那些在前期评估中所发现的对规划决策相当关键的问题。不过至于最终对人员以及其他资源的选择则由委托人来完成。

一旦环境小组的任命完成了以后，小组成员们就应开始熟悉项目的工作。其中包括对项目各参数的调研，现场的实地勘察以及底线的研究。由于专业人员会根据他们不同的职业经验对项目作出评价，因此需要为项目预留相当多的时间用于不同意见的沟通。由此可见，在这一阶段所面临的最大问题通常是是否可以追求进度快并且符合预算的限制。

环境影响评价正式开始运行，也就意味着委托机构将为项目投入至少一年甚至更长时间的工作。在这一阶段，对项目小组有效的管理非常重要。这样最新草案将被执行，个人将及时得到与他们相关的变化信息，为小组成员制定的限期将被送达，委托人也将定期的收到重要消息的反馈。如果小组成员们能定期召开会议进行讨论总结，则项目工作的沟通一定能得到加强。但是真正的关键还是要在紧张的预算时间进度里保证项目工作的紧密和有效协调。这点要求很难达到，因此小组领导就必须对项目的发展和可能出现的环境问题有一个战略性的纵览。

环境小组的协调工作在整个项目确定评价范围和磋商过程中都以同样的方式进行：包括项目调查、设计发展以及规划许可认证。规划质询过程需要协调工作的参与是因为在这一过程中小组成员们还需从各种渠道寻找详尽的资料证据为规划质询工作做准备。小组协调的职责还将延续到项目设计阶段，这一阶段许多建筑和项目上的工作可能会对所参与的不同企业集团产生不同的潜在影响。在项目建设阶段为防止在挖掘土地过程中所发现的古代遗留物遭到破坏，就需要一项特殊的工作“委托监察”以监督植物的保护工作和其他珍稀保护生物的栖息地迁移。

对环境小组领导工作所提出的管理需求与所要管理的资源多样性成比例。

一些带有综合性申请类的大型开发项目无疑需要环境小组领导投入更多的精力与工作，但是另外一些本身规模并不大的项目也可能涉及非常复杂的环境问题。比如一些基础建设项目就常常归于这一类，它们本身的占地面积非常小，但对环境产生的影响相对却很大。因此环境小组有效领导的重要性不仅仅局限于大项目中。

指导规划协商

绝大多数环境影响评价都在委托人抱着期望得到某种形式的规划许可目的下才被执行。那些从属于其他法规如《高速公路法案》、《水资源法案》或者《运输与项目法案》的项目提案所涉及的评审程序可能有一定的不同，但评审的基本目的是一致的。在这些程序中都添加了一定比例的群众参与和审查步骤，这样就可以充分考虑到提案包含的各种潜在问题。

规划报告和环境影响报告一旦提交，规划局以及其他相关团体则需提供比项目确定范围早期阶段更详尽的反馈信息。这是因为大量的磋商将在这一阶段进行，同时公众成员也第一次开始了解提案的内容。磋商促使两个来自相互竞争的环境或其他集团的规划权威们达成某项协议。毫无疑问，这将为报告的整个评审过程添砖加瓦。一旦项目规划报告得到了批准，提案中的基本建设项目也可正式开始建立。由此可见，在提交了环境影响报告后，规划协商通常成为项目成功的关键要素。

在提交申请后所作的规划协商也将对项目的时间进度安排产生重大的影响，并对提案中设计规划的生命力起着预示的作用。一般来说，地方规划局官员都以一个环境小组管理者的身份，通过来自诸如英国自然所、英国遗产所及乡村委员会等顾问机构的专家所提出的技术性建议来执行决策任务。同样的，若要使项目小组内部得到有效的沟通也需要有一位规划者在协商过程中行使协调的职责。1988 年《法规》已认识到执行环境影响评价案例在协商时的复杂性，因此在评审涉及环境影响评价过程的规划申请书时给与了多于评审普通规划申请书一倍的时间，即 16 周。在实际操作中，这段时间可能更长。

案例 5

有一个私人土地业主欲开发丘陵边缘的农田以挖掘大量的石灰石，为此他首先需要通过规划的许可。该项目的规划者对项目实施了前期评价，找出对景观、生态以及古迹（在开发地附近有一条罗马时期修建的道路）可能造成影响的主要因素。另外除了为最低限度的降低项目的工程量而需要改进提案外，还有诸如周边公路评估及农业用地质量检测等额外的工作需要执行。项目中由爆破所产生的噪声也许是一个问题，但影响开发规划的因素要求尽早提交，可能存在的反对政策却使得土地业主对是否需要在项目开发早期阶段投入更多人力物力测量底线显得犹豫不决。最后在随同环境影响报告一起提交项目申请书中保证了对噪声测量、生态调查以及居住地开拓工作的实施。申请书一经提交，规划要求就逐渐变得明朗起来，同时对周边环境噪声级别的测量工作也开始实施。考古调查及居住地开拓的协议最终被接受，随后规划许可也被签发。

在项目申请书提交后，常常要召开一系列的会议进行协商。在会议中，专家们将对项目的各个方面，环境调查的信息结果以及分析结果进行检验、质疑或者重新考虑。由于没有人知道在协商中将出现怎样的问题，因此项目小组的成员们常常不得不采取一种迂回的工作方式。这将致使提案中的一些问题或者它产生的效果须再次进行考虑，有时甚至需要对环境影响报告中的问题重新进行审视。不过在这些过程中保持连贯性很重要。在工作时若能将项目各不同方面结合起来考虑，那么项目所包含的成本将得到最优化。除此之外，时时保持着对工作重点的关注也非常必要，这保证了建设项目的基本目标不被减弱。因此，有时也不得不作出拒绝修改提案要求的决定。

有人认为若把环境影响报告作为能够公正体现项目对环境产生潜在影响的有力工具，那么它必与委托人开发该项目的目的产生冲突。这样的认识将导致环境影响报告的准备与提交过程变得困难重重。委托人们也许并不乐意接受有关他们的提案存在有害影响的说法，并且在撰写环境影响报告时他们还试图淡化此类结论。实际上，一种有效的解决方法是在递交环境影响报告的同时再另外附加一份单独的提案说明。由于提案说明的内容没有要求必须保持客观性，因此即使环境影响报告中提出了这些影响，提案说明仍可充当辩解的角色，阐述所申请的项目提案的合理理由。

出于经济的考虑，规划体系对有些可能造成重大环境影响的项目提案给与了支持。在考虑到相关利益时，无论是对于地方还是整个世界都存在着发展与环境保护间的矛盾。因此在进行规划的协商时不仅要了解当时的社会政治气候，还应意识到对环境更有利的备选行动方向。

案例 6

威尔士一地区的铁路、高速公路都较便捷，因此也为失业人口的流动提供了可能。当地的开发商向地方规划部门递交了一份重要的提案。若该提案能得以批准，可为相当多的失业者提供一个短期的建筑工作，同时它所产生的经济利益还将长期推动当地的经济发展。然而惟一适合的开发地在一片广阔的低地中，该低地可能存在考古价值。另外，低地中还有网状的排水沟，其中一些排水沟为许多植物、鸟类以及无脊椎动物提供了栖息的场所。整个区域原本被设计为一个专门的科学研究基地，在经过多方磋商后确定了设计方案。设计中保留了原有的排水沟并考虑了考古研究的需要。附加的灌木篱墙以及谨慎选择的覆层材料最大限度的降低了对远距离景观所产生的视觉影响。在仔细衡量了项目可能产生的剩余环境影响与提案潜在的经济价值后，根据各项要求该提案得到了规划许可。

1985年制定的《欧洲共同体指示方针》中有关环境影响评价的条款与1988年制定的英国法规的条款中都提到"对人类的影响"也是环境影响评价寻求的目标之一。从字面解释来看，这种影响包括诸如社会分裂或者经济利益等等。然而，在英国这些传统规划管理中的要务却很少能够与环境影响报告完全的结合在一起，这也许与规划体系和环境评价体系各自独立发展有关。在规划协商中，必须以对上述矛盾的认识引导协商过程的进行。否则，提案步骤或细节方面的任何矛盾之处都很可能在质询阶段被揭露出来。

因此在规划协商阶段，广泛地了解协商内容背景及参量对环境小组协调过程起着不可小觑的作用。而怎样应对不同团体对该过程提出的批评、评论或者希望获取信息的要求是一个不得不考虑的问题。在互相竞争的政治目的中进行选择时，良好的判断力也起着至关重要的作用，因为在接受某一方批评的同时也可以说是从另外一个角度得到了他的支持。一些辩护也可以使其他人相信项目的环境影响已经被准确呈现了出来，如果可能这些影响随时都可以减轻。不过最重要的是，无论何时必须了解提案接受评审的决策气候。

委托人的任务

值得注意的是很大一部分环境影响报告的撰写并不是由所委托的顾问而是委托机构自己完成的。换句话来说，委托人担当了环境小组领导的职责。

要求这两种职能始终分开行使是有理由的——主要是因为在对环境影响评价公正的要求与委托人希望得到项目许可的本性之间存在潜在的冲突。然而，除了这些根本的冲突外，似乎没有理由可以说明为什么评审机构人员就不能担当环境小组协调与领导的职责。当然，大部分联合型公司的职员中本身就有可以承担环境小组的职员——他们可以是规划者也可以是其他领域的专业人员，这样的评价过程比通常的过程具有更广阔的前景。因为那些需要通过多方考虑的开发项目通常在实施前要求有环境影响报告作为实施依据，而这更说明雇佣长期的职员来承担这些职责非常必要。然而，由于近期一些机构实行成本降低的措施，这样的职责在未来的一段时间不大可能会得到扩大。

案例 7

一家附属于私人水厂的废物处置公司欲寻求规划许可建设焚烧家庭废物的热动力工厂，后来得到了皇家污染检查所的准许。出于经济原因，该工厂的建设场址应靠近处理废物区域，比如建在城区内。但是该项目的建设方案一公布便受到了来自各方的反对意见，当地居民的主要反对理由是它将引起大气污染。在公众质询阶段，大量的证据以及注意力主要都集中在项目的技术以及项目方面。包括燃烧温度、给料浓度、烟道气净化装置以及燃烧过程安全性等等。在规划期间，工厂项目设计的可靠性要比由正常操作所引起的环境影响考虑的多。在这种情况下，公司决定任命废物处置公司的一个高级项目师来带领环境小组接受环境影响评价，提交规划申请并接受质询。在项目规划者的帮助下，他跨越了项目这个硬指标与环境顾虑指标的鸿沟。

除了目的的相互冲突给环境小组领导造成困难外，工作重点的冲突也是另一个原因。通常规划协商阶段是委托人最忙碌的时期，因为这或许是项目的提案首次得到公众的广泛注意。公众议员，毗邻的土地业主，合资伙伴以及竞争者们开始就提案进行对话。项目设计也将得到精简，比如对成本或者规划程式的修改。债务、合同以及设立基金都需要得到法律咨询。另外考虑将来投标过程的设计和建设也非常必要。因此，若环境小组领导的工作远离了提案的规划与环境，那么他将很难区分工作重点，也无法恰当的担当环境的职责。

从每一件案例的情况可以看出，对关于规划的问题，小组正确的领导方法应该是注重判断力。很显然，将委托人的项目管理职能与环境小组领导职能分开是可行的。不过若遇到提案设计本身就存在显而易见的影响，那么由委托机构的职员直接管理环境小组应该非常有好处。不管最终采取哪种方式，被委任的人员必须具有高瞻远瞩的眼光，并且也不应太过注重细节问题而忽略项目的总体目标。

前景

正如本章的开头部分与乔·韦斯顿在他介绍中所表明的，正式的环境影响评价相对于英国的规划体系而言仍然是个新兴事物。目前环境影响评价体系已被移接于传统的规划体系上，规划体系本身就规定在项目被批准运行之前需要评定并权衡公众利益与提案中的不利之处。这样环境小组的领导者自然也被归于规划专业。尽管存在这样的逻辑规律，但是到目前为止规划者却还未在环境影响评价领域有所建树。

环境影响评价以及在评价中所要用到的分析和提出问题的方法将在主

流规划工作中得到越来越多的运用。那些已经不需要提交环境影响报告的项目也需要有研究结果的支持，而在研究中多多少少都会沿用与环境影响评价相似的步骤。无论如何，按照《规划法案》要求而递交的环境影响报告中，很大一部分都出于自愿，这证明开发商和委托人都已认识到环境问题的重要性。规划者们还将继续考虑那些还处于环境影响评价正常评价范围之外的环境问题，也许不久它们就将逐步被整合到环境影响评价的评价过程中去，这样就可以消除那些问题归类重复的区域，使得整个评价过程更加完整。特别是在处理社会经济影响时需要考虑更多的细节问题，使开发工作可以更有效地集中于项目的发展上。简言之，尽管环境影响评价仍将属于规划专业的许多分支中的一种，但它不可能成为一门单独的科学。

在这样一个完整的体系中，提案的环境影响评价是所有规划申请报告的基本部分。因此就更需要环境小组的领导在各领域都能有所知晓。他们在考虑铺设大量地基所需成本时也应了解重金属可能渗入含水层的危险性。他们在想到公路建设对历史景观带来的影响时也应意识到由于社会的压力所导致的地区高失业率。

工作的重点可能会随着时间的改变而不断变化，但是环境小组的领导却必须时时权衡项目所带来的利益与它可能对自然环境所造成的影响。到目前为止，也只有规划者可以做到这一点。如果规划者失去了在环境小组中的有效领导地位，那么决策过程将遭受不可预测的损失。

注释及参考文献

1 Quoted in Cullingworth, J B (1993) *Town and Country Planning in Britain*. London: Routledge, p 2.

2 Lichfield, N (1992) Planning and EIA: the integration of environmental assessment into development planning. Part 1: Some principles, *Project Appraisal*, Vol. 7, No. 2, 58–66.

3 Clarke, B D, K Chapman, R Bissel, P Wathern and M Barrett (1981) *Manual for the Assessment of Major Development Proposals*. London: HMSO.

4 Department of Transport (1993) *Design Manual for Roads and Bridges*. Volume II: *Environmental Assessment*. London: HMSO.

5 There is, of course, the more recent DoE (1994a) *Guide on Preparing Environmental Statements for Planning Projects (Consultation Draft)*. London: HMSO; DoE (1994b) *Evaluation of Environmental Information for Planning Projects: A Good Practice Guide*. London: HMSO.

6 DoE (1989) *Environmental Assessment: A Guide to the Procedures*. London: HMSO.

7 Lichfield, N, P Kette and M Whitbread (1975) *Evaluation in the Planning Process*. Oxford: Pergamon.

8 Roberts, M (1974) *Town Planning Techniques*. London: Hutchinson.

9 RTPI (1991) *The Education of Planners*. London: RTPI.

10 DoE (1994b) *op. cit.*
11 Lee, N and R Colley (1991) Reviewing the quality of environmental statements: review methods and findings, *Town Planning Review*, Vol. 62, No. 2, 239–248.
12 S54a, Town and Country Planning Act 1990.
13 DoE (1990) PPG1: *General Policy and Principles.* London: HMSO.
14 Lichfield, N *et al., op. cit.*
15 Institute of Environmental Assessment (1993) *The Digest of Environmental Statements.* London: Sweet & Maxwell (looseleaf).
16 DoE (1991) *Policy Appraisal and the Environment.* London: HMSO.
17 Information for Industry (1994) *Environment Business Directory.* London: James Benn.
18 ENDS (1994) *Directory of Environmental Consultants.* London: Environmental Data Services.

第三章

范围确定与公众参与

安德鲁·麦克纳布（Andrew McNab）

引言

本章中将结合4个相似的度假村开发项目来考虑确定范围与公众参与在实际中如何应用。这4个项目的环境影响报告均由科巴姆资源顾问所（CRC）撰写。在1988年为科巴姆郡科茨沃尔德（Cotswolds）水世界公园某处，1991年为亨伯赛德郡临近Weighton超市某处以及坎布里亚郡彭里斯（Penrith）附近某地所撰写的报告均得到了规划许可。而第四份有关北约克郡（North Yorkshire）卡索普（Carthorpe）附近一处（1990年）的报告却至今还未得到批准。

所有项目都是由同一家公司——Lakewoods股份有限公司代理。该公司由Granada Group上市公司与以建造和管理度假村为主的John Laing上市公司合资而成。

这些报告的陈述部分由科巴姆资源顾问所组织Lakewoods顾问集团附属部门协同撰写。其中包括：

- Fitch公司，建筑师；
- Ove Arup及合伙人，工程师；
- Ede Griffiths合伙人，景观建筑师；
- Alan Boreham合伙人，高速公路工程师；

政治与公共关系问题由GJW政府关系部与Dorman公关部处理。

本章将从1988年第一份环境影响报告的完成到1993年一种专门确定范围与公众参与方法的成熟应用来讨论这一方法的发展历程。以一种直观的方法来阐述该法被采纳的理由。这种方法并不是所采纳的最正确的一种，或者说它将永远准确。目的是要深入的了解开发商及顾问们的作用，作为环境影响评价的一个方面，这很少能引起学术界的关注。

本章的第一部分介绍了度假村基本的特征，地点选择要求，规划背景以及度假村开发将涉及的环境问题。接着将对第一个在格洛斯特郡实施的环境影响评价，特别是其中有关范围确定与公众参与的部分进行阐述。阐述主要针对1988年现行的《指引》，开发商强加的制约条件，所采纳的方法，法律顾问的反应以及公众参与的方式。另外还将关注公共关系顾问在规划与环境评价中的职责。以上内容均是通过分析研究的需要而得到的。

接下去是北约克郡卡索普临近一处的环境影响报告，简要介绍一下它不同于其他项目的范围确定与公众参与方法，以及为何最终作出了不再继续递交规划申请的决定。

随后将阐述在亨伯赛德郡与坎布里亚郡实施的环境评价中所选用的与众不同的方法。本章的最后部分还将给出范围确定与公众参与方法原理的概述及其有效性，个人及专家对评价中的范围确定与公众参与的反应。

度假村的理念

这里所要讨论的度假村是属于欧洲内陆的一个产物。在荷兰、比利时以及德国，诸如 Centre Parcs 和 Sun Parks International 这样的大公司都曾成功地开发出全新的假日产物。假日产物最基本的开发理念是要为客户提供一个高质量可自主餐饮的住宿地，而通常这样住宿地都位于僻静、有绿树环绕的地方，并且还需带有各种室内外的娱乐设施。而他们主要将客户定位于那些期望寻求一个短期休息度假地的家庭群体。

这样的理念适时地迎合了很大一部分客户的要求，首要的原因是它确实为那些度假的家庭提供了一个世外桃源。在那里度假他们无需顾及天气的影响，因为在室内他们仍可享受轻松休闲的娱乐活动。另外它还为客户提供了一系列室外的体育娱乐项目，包括游泳、网球、羽毛球、保龄球、骑脚踏车以及划船。这些项目不仅为那些已掌握不同体育技能的人群所喜爱，它们更为各不同年龄群的人们提供了一个参与的机会。此类设施还符合那些希望得到一个更活跃且健康假期的人们的要求。度假村的乡村环境是富有吸引力且相当有市场。另外在度假村外围设置了安全栅栏，度假村内还有保卫人员巡逻，是一个安全的环境。最后一点，度假村是为那些只停留 3-4 个晚上的短期度假者而特别设计。短期停留市场仍然是英国旅游业中最看涨的一部分。[1]

根据欧洲的经验，专家们确定出了度假村的商业精确规模。基本上，很大一部分的自主餐饮的住宿单元（600-700 个）都需要大量室内休闲设施的投资。这样的一个商业程式从建筑学的角度被应用于大规模度假村的中心建筑上，通常这些包括艺术展览区、餐厅、迪斯科舞厅、独立的体育中心，而那些单独的自主餐饮单元常常被连成一片或者组合成群。

开发度假村的理念往往可以引导对当地的开发。由于度假村的开发意图是为了迎合短期休假的要求，因此它可以吸引那些旅行时间在两至三小时的客户。从商业的角度考虑，度假村的开发地点应选择在那些规定旅行时间内可聚集最大人群的地方。符合条件的地点通常位于英国的东南部以及中部地区，而西南部、北部、西威尔士以及苏格兰应被排除在外。类似的，从该地点前往公路网的任何一个入口也应该非常方便，最好是立即就能上高速公路。度假村的开发需要一片相对较广阔的土地，上述4个地点的土地面积有从150hm^2 至270hm^2 不等。另外在选择地点时还应考虑该地点是否能吸引游客。

Centre Parcs 公司是英国第一家涉足于度假村市场的公司。目前他们共拥有3个可供选择的度假村，它们分别是位于诺丁汉郡的舍伍德（Sherwood）森林度假村、位于萨福克的埃尔夫登（Elveden）森林度假村以及位于威尔特郡的 Longleat 度假村。Rank 公司也已开始在度假村市场中分一杯羹，他们制订了一份有关在肯特郡东部港口城市福克斯通附近建设度假村的提案。

Centre Parcs、Lakewoods 以及 Rank 公司在规划上所面临的问题是度假村开创了一个全新的需要乡村环境支持的大规模开发项目，但是到目前为止还没有纲要或者地方规划对此类违背传统乡村保护政策的开发项目作任何规定。环境评价是提供自然信息以及开发项目所产生影响的主要来源，因而在这里也就愈发显现出它的重要性了。

度假村产生的环境影响

最初考虑为何自1988年开始所有的度假村提案都需随同环境影响报告一起提交很有必要。很显然度假村并不属于附录I中那些需要强制执行环境影响评价的项目。作为附录II中的项目，规划者和当地规划部门有机会就评价要求进行讨论。由于度假村与发电站或者飞机场相比是一个相对良好的开发形式，因此对度假村开发是否有必要接受环境影响评价存在着质疑。不过对于 Lakewoods 公司而言却并不存在这样的问题，在 CRC 建议执行环境影响评价时 Lakewoods 公司都很乐意接受。因此对于每一项开发项目，Lakewoods 公司都自愿为它们准备了环境影响报告。由于存在如下诸多因素，如开发项目的规模，它们在乡村的开发位置，项目的新鲜性以及期望以一种简洁易懂的方式提出事实依据等等，使得考虑这些问题是有意义的。

通常确定环境影响评价范围的工作是根据1988年制定的《城镇与乡村规划法规》附表3中有关环境参量列表而开始的。[2] 从理论上而言，度假村作为乡村一个新兴的开发项目，它显然存在着对植物、动物、景观、物质财产以及历史文化遗产产生重大影响的可能。因而就需要花费大量的精力用于开发地区的生态调研、考古调查及景观与视觉影响评价的工作。径流或者废水被排放到水路中是该项目对水质所产生的初级影响。次级影响将涉及到一些水文学的考虑，比如对地下水位及饮用水含水层的影响。公众通常将注意力集中于植物、动物、景观保护等传统保护问题，而上述这些方面却往往被他们所忽略。

对人类的影响包含各个方面，而这些影响的内涵在第一份环境报告出世时就招致了一些争论。最初的考虑是将影响分成不同组别的问题，包括对就业、地方服务性行业（商店、酒吧）的影响以及噪声问题。但是这样一种分割方法却招致不少批评，因为很显然这忽略了人们对项目开发后涉及的“新兴城镇”、“喝酒后行为不端的年轻人”、“跳迪斯科”而破坏当地原有宁静与安逸所产生的情绪反应。实际上，相对于项目对就业所产生的积极影响以及对当地服务业产生的潜在好处，噪声影响就显得不那么重要了。也许最具有争议性的地方是交通环境影响。从部分事实中可以发现，在每周末两天时间中会有大量的汽车进进出出。

度假村对土壤的影响并不显著，因为在不需要的时候可以拆除，所以这类项目属于可逆转项目。同样的，它对气候的影响也不大。

科茨沃尔德水上公园度假村

评价过程[3]

1988 年 6 月，Fitch 公司向科巴姆资源顾问所（CRC）寻求对一家正计划在科茨沃尔德水上公园开发观光及娱乐设施公司的规划建议。在还未参与项目前，度假村的设计及选址都已完成。所选地点无疑符合商业标准：在旅游季节可聚集大约 2200 万人群，可以直接通往 M4 高速公路出口，足够大且有潜力开发富有吸引力的项目。科茨沃尔德水上公园是 1960 年代在对沙滩及沙砾地进行大规模挖掘后为水上运动所开发的一座区域性设施。那时地面上还有一系列经沙砾挖掘后所留下的大坑，后来根据当地的规划要求设计了各式各样的旅游住所，水上娱乐设施以及自然保护措施。要去往该度假村无需穿越任何毗邻的村庄，而区内著名的景观建筑也可以被有效修复。用一句来自郡议会的规划者的话来说就是“该提案可以被接受”。

然而该项目很快就暴露出了许多环境问题。科茨沃尔德水世界公园的整体开发对于冬眠的野生动物来说具有非常重要的影响，因此它被作为自然保护审查中属于潜在特殊科学开发基地一级项目。对于公园部分地点的设计确实不利于实施国家自然保护政策。因为泰晤士河的部分上游河段从该地穿过，这不得不使泰晤士国家遗址保护机构（Thames National Trail）对该地可能对河流造成的污染问题产生了忧虑。

委任科巴姆资源顾问所参与规划顾问工作几乎与引入环境影响评价同时发生。因此 Lakewoods 公司不得不接受在提交规划申请时需要随同递交环境影响报告。顾问根据开发项目规模及该地区生态敏感性，参照附表 2 中有关度假村的特殊注释，提出了意见。最后 Lakewoods 公司欣然同意“自愿”提交环境影响报告。

公司管理部门对他们所有的顾问都提出了两条极大且相关的要求。第一条是项目的高度商业机密性。这是由两家主要的国营公司在踏入新市场并决定购买土地时所提出的建议。Lakewoods 公司要求项目能尽可能长时间的保持机密性，而尽快提交规划申请是达到这项要求的惟一方法，他们把最初的提交时间定在 1988 年的 10 月。

在那个时候，特别是在回顾时发现，撰写环境影响报告确实是一项容易让人气馁的任务。没有可参考的环境影响报告实例，也不能从任何地方得到有效意见更增添了撰写报告的难度。1988 年秋天时就仅仅只有《规范》及 15/88 函件；尽管蓝皮书已被允许添加到函件中去，但是那时却还未面世。[4]《规范》和函件在内容及格调上都非常程序化，但是它对开发商的指导作用却很小。同时“范围确定与公众参与”这一概念也从未出现过。不过，由科巴姆资源顾问所推荐并经机密部门官员讨论，有关评价范围的一项计划得到了 Lakewoods 公司的同意。为磋商工作选择的团体有规划部门，法律顾问和另外一些利益机构，包括：

- 科茨沃尔德行政区议会；
- 格洛斯特郡议会（高速公路与规划）；
- 威尔特郡议会（高速公路）；
- 自然保护委员会（现为英国自然协会）；
- 皇家鸟类保护协会（RSPB）；
- 野禽信托基金机构（现为野禽与湿地信托基金机构）；
- 科茨沃尔德水上公园项目官员；
- 乡村委托泰晤士航道项目官员；
- 泰晤士水上管理机构（现为国家河流署泰晤士河管理机构）。

通过磋商他们把所收集到的信息集中起来，并为评价范围作了定义。随后，在准备了一份简要的有关范围确定的文件后，递交到当地规划局等待审批。议会作出反应，认为还有大量其他问题需要继续研究。

在这个过程中，公共关系顾问被委任处理一些非技术性方面的磋商工作，比如新闻发布，协调政治、团体关系等等。顾问们再一次受到商业机密问题的束缚，不过最终以通过当地社会审计团体来挑选决策领导的方式解决了这个问题。这样做的目的是为了在当地建立一个联络中心，从而可以将信息传达给当地的居民。然而，最初传达出有关开发度假村项目的信息时就引起了农村教区行政团体的注意。Lakewoods 公司最终也同意了农村教区行政团体的要求，将项目提案委托给他们处理并准备召开公开会议。

会议进行得非常艰难，会议主席倾向于反对该项目的开发。开发商以及他们的顾问们也回答不了所有的问题，因为即使在度假村已经设计完成后，环境影响评价工作仍需继续进行。还有许多诸如度假村建成后的污水处置方法等也有待批准。大家最终都依赖于可以说明开发项目所产生环境影响的权威报告——环境影响报告的发表。

在公开会议召开不久，一份规划申请大纲随同环境影响报告被递交。也正是这个时候，真正的磋商与公众参与行动正式启动。当地规划局首先召集了一个工作小组对环境影响报告进行详细的审核，并确定需重点考虑的地方以及开发商与其他团体所不同的方面。同时开发商们也准备着一份详细的有关公众磋商的工作计划。接着他们准备了一个展览，以展示他们所开发项目的大型模型，并于每周的固定时间在开发现场公开展出。同时 Lakewoods 公司派来的代表以及他们的顾问也将在现场解答参观者所提出的问题。展览召开的目的是为了向郡及行政区议会、邻近的五大农村教区行政团体展示他们将要开发的项目。接待日那天，在现场有向导带领参观，另外公司还为一些诸如英国环境保护协会的个人团体特别安排夜间参观。环境影响报告的复印版连同非技术性概要向公众免费发放。

尽管报告的范围相对较完善，但在磋商中仍出现了相当多不够清楚的问题。在磋商结束后，项目的设计也进行了一系列的修改。改动了度假村主要入口通道的位置，并取消了辅助服务通道。这些改动是应当地居民的要求，为降低地方交通与旅游交通发生冲突的可能性而进行的。高速公路管理机构也再一次接受了修改过的提案。然而，这些变化实际上只是移动了那些与邻近乡村的居民住宅距离相对较近的通道位置，这仍然引起了不少的批评。由于度假村中心广场上的露天圆形剧场可能产生过度的噪声，Lakewoods 公司最终同意放弃这个剧场的提案。

公开磋商中所出现的其他问题还包括度假村的安全问题，紧急消防车的进出问题以及宾馆内特殊功能服装的使用问题等。这里的问题大多与规划大纲没有关系。不过，Lakewoods 公司及其顾问还是为回答专家们对这些问题的质询作了准备。

最终在 1988 年的圣诞节过后，环境影响报告的补充材料问世，为许多未解决的问题提供了更深层的信息。接着这份材料正式递交给当地规划局，同时也再次免费向公众发放。这些资料是由公共关系顾问根据规划与环境小组提供的信息而编制的一系列当地实事讯息补充而成的，并且它们还被发放给当地的所有家庭。

最终决议

最后提案被专管环境的国务秘书退回，也由此开始了一场马拉松式的公众质询。Lakewoods公司的提案受到了当地规划局（科茨沃尔德行政区议会）以及格洛斯特郡议会的支持。但奇怪的是那些邻近村的规划局（北威尔特郡行政区议会及威尔特郡议会）却提出了反对意见。这两个机构并没有权限管辖该地区的任何部分、当地农村教区行政团体以及反对派。反对意见在最初引起了一场政治较量，申请书也被退回，不过Lakewoods公司解决了所有的技术质疑。经过很长时间的推延后，开发度假村的申请终于得到了批准。

对评价过程的不同看法

在环境评价中所选用的常规方法与评价过程的观念是一致的。在评价过程中，环境影响报告可以及时反映出开发商以哪种态度来看待环境影响。另外它还能促进争论的进行，并突出那些存在环境利害的地方。通过磋商，开发商开始对设计作相应的改动，继续追究在这个过程中所显现的另外一些问题并将它们记录在报告中。大体上，环境评价过程还是向着应有的方向运行着。

再回过头来想想，评价范围确定与公众参与过程确实已严重的受到了商业机密的问题以及新公司首次踏入新市场的时间紧迫问题的束缚。也许关于商业机密的问题在某些情况下并不多见，但是因为商业的需要而制定时间安排的情况却很常见。

为了克服这些限制条件，确定评价范围使用了一种只由当地规划局，法律顾问以及那些直接参与现场工作的非政府组织来实施的方法。事实证明这种方法还是成功的，因为参与工作的团体都作出了回应，而且外界也没有对报告范围提出任何异议。

这样，由当地规划局和法律顾问在项目早期来参与项目工作的愿望被最终确定了下来。在通过对现场进行初步鉴定并完成了设计初稿后而确定这样的组合无疑是非常合适的。对于这样一个大规模、高成本的度假村开发项目，投资者也希望在投入大量钱财前能得到足够的风险保证。同样的，当地规划局以及法律顾问对大型项目也抱着十二分小心的态度，不敢有丝毫的懈怠。从理论上来说，在未对现场进行初步考察的情况下与顾问们讨论场地开发等问题将是徒劳的。因此顾问们的初步反馈对开发商们后续工作的考虑是相当关键的，这点我们将结合北约克郡的案例来说明。

从上面所给出的理由来看，让公众参与确定评价范围似乎不必要。过去，在开发商提交了规划申请后常常需要安排公众参与磋商。然而，尽管公司上下都努力保持着项目提案的机密性，但在进入该阶段前提案就已被泄漏。从开发商的角度来看，后续的公众磋商会议无疑是使公共关系陷入僵局的灾难，并且会议会使对提案的反对意见扩大。这个精心准备的磋商过程尽管显得很开诚布公，但还是不能逆转反对派的看法。不过最终支持开发商的请愿书还是成功地赢得了更多支持者的签名。

通过公众磋商，许多未决问题有了明确的结论。首先，取消公众参与确定评价范围的决定得到了确认。开发商与顾问们认为，通过当地规划局、法律顾问以及直接参与现场和周围环境工作的非政府组织就可顺利地完成确定评价范围的工作。此外，召开公众磋商会议的最佳时间应该在环境影响报告撰写完成并发表后。因为那时人们已对项目的情况有了大致的了解并可以就此开始讨论和辩论，而开发商以及他们的顾问们也已充分考虑了开发过程中所可能遇到的问题，从而可以有效的回答公众所提出的问题及质疑。

第二个主要结论是公众磋商过程需要得到管理。开发商们认为磋商过程有 3 个主要目的。第一，为了弄清开发项目特征以及他们可能产生的影响，由于任何大型开发项目都可能为自己带来一些不良传闻，这些是必须消除的。第二，为了评审环境评价中所得出的结论并根据当地情况对开发项目及其可能产生的影响进行审查。通过磋商过程，Lakewoods 公司和它的顾问从每个度假村项目中都得到了额外的信息。第三，开发商们希望能取得公众和政府对开发项目的支持。从科茨沃尔德水世界公园的开发经验中可以得到如下两点结论：政治手段相当重要；而投入更多的时间和精力去获取公众支持比努力减少反对意见来得更有效。规划决策实际上就是政治决策，因为最后的成败都有赖于个别议员的态度。另外，开发商若想在技术争辩中取得胜利，那么他首先要获得政治争辩的胜利。在科茨沃尔德水世界公园的开发过程中，开发商及顾问们似乎都不遗余力地想改变强硬反对派的观点，而同时投入在寻求态度不明确但对提案通过非常重要的支持者身上的时间却远远不够。

北约克郡度假村——评价过程[5]

在科茨沃尔德水世界公园度假村的开发提案迟迟得不到批准，而紧接着的电话申请使得其他地区项目的开发不得不尽早进行。这第二个吸引 Lakewoods 公司的地方位于北约克郡，靠近卡索普的坎普希尔（Camp Hill）种植园内。这是一个松柏种植园，其中有许多空旷的土地并与温带草木区的一座小型乡村别墅相邻。

在该项目中所使用的确定范围及公众参与方法与在科茨沃尔德水世界公园项目中所使用的方法截然不同。这种方法最初是从实践的教训中得到的，但主要还是由规划部门［汉布尔顿（Hambleton）行政区议会和北约克郡议会］的不同态度中产生的。在科茨沃尔德水世界公园度假村项目上，来自郡及行政区议会的官员对这个被提议的项目一直抱着谨慎的积极的态度。这个提案也得到了当地规划局的支持，规划中表明该地点适合于作娱乐场所及假日住宿之用。当然，官员们这样的反应以及顾问们的建议使 Lakewoods 公司认为他们的项目能取得规划许可合乎情理，而且这也给项目的开发提供了必要的保障。

最初与汉布尔顿行政区议会和北约克郡议会的谈判都处于一种消极的状态中。行政区议会的官员最初对谈判抱有敌意，随后提出在无合适开发场地的情况下，他们除了要求国务秘书处退回申请外别无选择。作为选择 Lakewoods 公司可以通过开发规划过程来寻求促进土地开发的方法。郡议会官员们不清楚汉布尔顿独立议员将对提案作出怎么样的反应。他们认为由于规划框架中缺乏足够的政策支持，因此不能作为评估提案的依托。

官员提出的这两点意见并不是 Lakewoods 公司希望听到的。有过像第一个开发项目在公众质询过程中投入大量金钱和时间的经历后，他们不想再陷入同样的泥潭。同时，由开发规划体系对提案进行审核所需要的时间与公司期望能尽快踏入开发市场的愿望发生了冲突。在这样的情况下，Lakewoods 公司决定接受环境影响评价并提前考虑是否需要向公众提交申请。

接着，当地各部门、法律顾问以及其他相关方都联系在了一起，为环境影响报告范围的确定进行了商谈。参与商谈的顾问部门包括：

- 环境部；
- 劳工部；
- 工业与贸易部；
- 英国旅游部；
- 汉布尔顿行政区议会；
- 北约克郡议会；
- 皇家发展委员会；
- 约克郡与亨伯赛德郡旅游部；
- 林业委员会（分管种植园）；
- 然保护委员会。

这里需要提到的是，在这个项目的磋商过程中连政府部门及经济开发机构也参与了进来。政府部门的参与反映了政府下属公司（GJW）第一次可以顾问的身份进驻 Lakewoods 公司，并且对尝试寻求国家全局性观点的需求也使得最后退回申请的可能性大大升高。约克郡野生生物基金会的介入也证明了这一重大的变化。经过“机密”磋商后，基金会对开发项目提案发表了一份不涉及磋商内容的新闻评论。这使得 Lakewoods 公司以及他们的顾问们在后来处理那些非官方事务，特别是有关野生生物时显得尤为小心。

接着一份简要的有关确定评价范围的正式文件被整理出来并向所有的顾

问分发。随后是撰写环境影响报告草案。一旦报告草案完成就意味着提案将向公众公布，行政区议会被邀请对开发现场进行视察。然后是召开新闻发布会，在每周周末的公开日普通群众代表还可来现场观看展览并随同讲解员参观。

在汉布尔顿行政区议会规划部门决心不去现场视察时，那些已安排好的节目几乎全部废弃了。一项有关评审团成员只有在规划委员会收到规划申请后才允许对现场进行视察的提议被勉强否决。最终达成的协议是：允许委员对现场进行视察，但在参观现场不提供点心。

周末的参观活动得到了异常的欢迎，它给参观者提供了一个与 Lakewoods 公司代表就开发项目进行一对一讨论的机会。在考虑前面所提到的有关开发商对公众磋商的三点要求时发现，这些活动有效地向公众传达了开发商的信息并可以检验哪些评价内容与当地公众的认识会产生冲突。不过它们却没能建立起政治支持，那些官员依然坚持认为他们应该通过电话进行申请。在第一份申请报告仍苦苦等待着国务秘书处审核结果的时候，对第二份土地规划许可的需求就显得越加迫切了。

东约克郡度假村

评价过程[6]

至 1990 年 Lakewoods 公司对选址过程已变得非常有经验了。一组环境与规划的选址标准被补充进了原有的商业标准中。这些规则在一本环境章程中有明确说明，其中包括如下内容：

- 所选地点避免在国家公园，著名的自然风景区，绿化带和所有特殊科学研究基地内；
- 对那些作为特殊经济开发之用的地区，比如援助区或皇家开发区的选择需进行考虑；
- 选择那些不与规划政策发生冲突并在很大程度上能满足整个规划目标的地点；
- 避免选择那些经开发后会大大减少公共通道的地点；
- 选择那些能实现对当地居民产生最低不良影响的开发地点。

每周的例会中都会有 5 到 10 处所选地点按以上评判标准进行审核。终于在 1991 年一处位于南克利夫（Southcliffe）靠近东约克郡 Weighton 市场的地点被确定了下来。该地点由一片坐落于亨伯（Humber）平原，面积为 273hm^2，空旷并适合于耕种的农田组成。但是其中大部分的农田已闲置。另外那里还有一小块的林地及一些残留下的小面积荒地。该地点在位于 M62 上 38 号交叉口 3km 的范围内。

相对于当时为选择科茨沃尔德水世界公园而进行的磋商，本次与当地管理机构进行的初步磋商就显得顺利多了。因而环境影响报告的撰写工作也很快启动。这次的磋商会议是由开发商连同相关的规划局及法律顾问共同召开的。由于这次所选择的地点离两大行政区（东约克郡与布斯法列）的边界非常近，因此开发商邀请了两大行政区参与过科茨沃尔德水世界公园度假村开发项目评审的官员联合起来解决今后可能遇到的麻烦。当然，另外一个临近的行政区——贝弗利行政区的官员也在早期阶段被邀请联合参与工作。通常情况下，顾问们都会在较短的时间内对调查范围的结果给出有帮助性的答复。接着就应该准备一份简要的有关范围确定的文件，并分发给所有参与工作的顾问。不过来自该文件的反馈却相当有限。

在开始撰写环境影响报告的同时，磋商程序也被制定出来。磋商程序在精心计划后确定下来，为的是使开发信息能在第一时间传达到当地规划局、新闻中心，接着通过举行地方展览会的形式传达给公众、农村教区行政团体，当地其他管理机构及利益组织等。这种传达信息的方式旨在第一时间保证足够的信息传达出去，以避免居心叵测者散布不真实的消息。把最初的信息先传达给当地规划局说明大家承认决策者应第一个察看提案。尽管接下去还要召开多方磋商会议并等待政治“回应”，但是有关开发项目的消息只有在提案首次在郡议会公开后才能向新闻机构发布。

值得注意的是在南克利夫的开发项目与在坎普希尔的开发项目存在着一个非常大的政治差别。对于前者，无论是东约克郡的自治区政府还是亨伯赛德郡议会都有非常明确的政治分组，一个明确的统治小组及一些被认可的领导。这样有助于激起政治回应，并使开发商们可以相信领导们的意见也代表其他主要团体成员的意见。但是在坎普希尔的项目中却不是这样的，那里的一些委员会是由一些无党派议员组成，因此就不存在明确的政治团体及领导者了。

在 Weighton 市场举行的公共展览会运作得非常好。尽管有时候会出现拥堵的情况，但对于特殊问题的交流活动还在一场场举行。此外当地的一些相互冲突的问题也被联系了起来，比如将通路开拓与古迹保护的结合。这个精心筹划的展览作为交流信息与提供商讨机会的平台比单纯召开公共会议效果更好。

尽管在提案审核的过程中遭遇了一个很有影响力的压力集团以及临近郡（贝弗利郡）议会提出了反对意见，但最终提案在申请书随同环境影响报告提交的 16 周后得到了开发许可。

对评价过程的不同看法

依开发商及其顾问看来，这次的评价过程进行得很顺利。环境影响报告为审核人员提供了一份清晰而简要的开发项目可能产生影响的总体概要，因而也大大减少了可能招致的反对意见。当然也没有意见认为环境影响报告设定评价范围过小。另外一条重要的附加要求得到了当地规划局以及乡村委员会的批准。这项要求涉及统计开发项目在建设后5年、10年、20年内所产生视觉影响。由于该地原本具有相对较开阔的特性并且它紧邻约克郡山地的最高处，因此提出这样的要求合情合理。对该开发项目所实施的视觉影响评价在很大程度上依赖于风景提案是否能得到通过。最后，视觉评价不仅可以反映出开发项目在哪些方面可与当地风景融为一体，还能反映它与风景格格不入的方面。

也许这个开发项目提案得到了普遍的满意最好地印证了为什么在南克利夫召开的教区会议中没有人对提案提出反对意见。

坎布里亚郡度假村

评价过程

Lakewoods 公司的第四份也是最后一份报告是坎布里亚郡彭里斯（Penrith）附近的 Whinfell 森林内一处地点。该地也许是这四个所挑选的地点中最富有吸引力的地方，它主要由一些坐落于伊登（Eden）山谷内一处起伏山地上相对发展较成熟的人造森林所组成。从那里还可以观看到奔宁山脉及湖区的壮观景象。最初该项目沿用了与在东约克郡实施的相同的评价过程。在初期秘密的磋商中，官员们表现出了对提案的浓厚兴趣，开发商们也同意完成环境影响报告的草稿。行政区及郡议会和法律顾问们为报告中的评价范围进行了协商。那个时候顾问小组以及开发商对公众最关心的问题都有了非常清晰的认识。尽管已经决定建造一条直接通往主要道路交通网（A66）的道路而不是减少道路的数量，但交通及道路安全问题仍成为所有提案主要的考虑因素。由于该地点较靠近湖区国家公园，并且与其他开发地不同的是该地未经破坏，非常幽静，因此这里是否可以得到规划许可很有可能引起争议。

在影响报告出版后，一系列广泛的公共展示活动在临近现场的地方以及彭里斯的集镇中拉开了序幕。接着开发商与政府机构组织（诸如交通部）及民间组织（包括湖区教友联谊会）进行了更细节化的磋商。

项目的申请工作进行得比较顺利。根据上面的分析，开发商最关心的是交通部对通入度假村的主要公路修建问题的态度以及湖区特别规划署对国家公园可能受到的潜在影响的看法。不过这两个机构最终都没有对项目提出反对意见，并且适时地签署了许可证明。

对评价过程的不同看法

项目的主要反对意见均来自于坎布里亚郡自然保护基金会及湖区教友联谊会。坎布里亚郡自然保护基金会显得格外吹毛求疵，他们还因开发商未在早期阶段就项目进行磋商而提出反对。开发商的这一决定充分反映了 Lakewoods 公司因在约克郡的那次失败经历而害怕那些住在开发地周围的非政府组织成员会泄露他们的提案。尽管该地区的部分区域被基金会认定为当地自然保护古迹，但顾问所内的生态学家无需依据基金会的记录即可对其重要性进行评价。当然，整个生态调研过程也没有受到基金会的质疑。

显然，没有人可以得到基金会是否会泄露提案的结论。尽管他们对开发商未在早期阶段与他们进行磋商耿耿于怀，但这并不说明接下去的环境评价将遭遇磨难。

对湖区教友联谊会，Lakewoods 公司仍明确决定在环境影响报告未提交前不与他们进行磋商。后来湖区教友联谊会果然在原则上对开发项目提出反对，但在后续的磋商中一无所获。这个颇为凄凉的结果也是因为经历了与英国乡村保护委员会（CPRE）交涉事件后才决定对坎布里亚郡自然保护基金会及湖区教友联谊会采取这样的态度。在项目开发的早期阶段与国家级的英国乡村保护委员会进行了对话，试图了解他们对度假村开发项目的态度并邀请他们对我们的选址方法进行确认。国家级的英国乡村保护委员会官员称，他们不反对度假村项目的建设，并对 Lakewoods 公司所采纳的选址方法，尤其是考虑选择地点时尽量避开国家公园及名胜风景区的做法表示了赞同。然而，乡村保护委员会的地方分支机构却对 Lakewoods 公司在该项目中提出的所有提案，甚至其他地方的度假村项目提案都提出了反对意见。即使是在科茨沃尔德水世界公园，乡村保护委员会的成员参观了该地区后还对该区被废弃而感到惊讶，但随后却又很坚决的提出了反对。在这种情况下让相同组织参与确定评价范围工作这种做法的合理性也很值得商榷。

结论

这个结论将从以下几点来说明：

- 分析 Lakewoods 公司之所以采用这种特殊的确定范围及公共磋商方法的原因；

- 评定这种方法的好坏；
- 给出一些个人对评价范围确定，公众参与以及规划中的环境评价过程的看法。

该方法的理论基础

Lakewoods 公司决定对每一份环境影响报告都实行确定评价范围的工作，但同时他们只选择当地规划局、法律顾问以及其他的相关方来参与该工作。他们有意不让公众参与确定范围的初始阶段工作是考虑到机密性，政治意识及时间限制等因素。接下去将对这些因素依次进行分析。

首先，Lakewoods 公司非常在意商业机密性，更确切的说也许是过于在意了。商业机密并不总是商业团体所考虑的首要问题，但是许多开发商还是不愿意过早的宣扬比如他们对哪块地感兴趣，他们所要开发项目的特征或者他们准备着手一项新的商业投资项目等事情。开发商最关心的商业问题包括担心土地价值发生变化，股票价值受到冲击以及商业竞争带来的影响。这些问题对于规划而言是无需考虑的，但是它们却可能完全左右那些主要公共集团的行为决策。由于环境影响评价主要考虑的是那些大型项目可能产生的重大影响，因此商业问题对项目本身也非常重要。但是要做到在保住商业机密的同时又能尽早以公共磋商的形式将开发计划公布于众似乎相当困难。

其次，这里涉及到一个政治意识或敏感性的问题。尽管规划决策主要由两点因素决定：技术及政治，但实际上它却是一个政治过程。这个问题已多次提到，不过也不能过多的强调。开发商们必须向当地规划局、法律顾问以及其他技术顾问证明他们的提案符合当地规划条例，并且不对名胜古迹的面貌产生可见的破坏。不过仅仅赢得技术争辩的胜利远远不够。在科茨沃尔德水世界公园度假村项目评审中，没有一个规划部官员要求他们的成员反对该开发项目，另外也没有一个法律顾问反对。由此可见，该项目提案在技术方面是被接受的。但后来该项目提案还是被退回并接受为期 9 周的公众质询。可见还是规划的政治特性起了主要作用。

当然要赢得政治争辩的胜利也有许多不同的方法。Lakewoods 公司所选用的方法在刚被提出时很令人失望，它主要针对规划决策者，希望在项目评审的早期阶段得到他们的支持。此外政治家们也被授予了专门的特权，能优先得到信息。也许有人会提出异议，这样的优先权是否与当初所提倡的代表民主权概念相违背。还有人怀疑如果公众成员致电当地的议会向他们抱怨这个被提议的 Lakewoods 公司度假村所带来的种种不便时，议会是否知道到底提议的内容是什么。

很简单，如果早期只是通过对确定范围的公共磋商来公布这个被提议的开发项目，那么该方法就没有实施的可能性了。这也为反对派提供了大量的时间和事实论据来证明他们的观点。

第三要考虑关于时间的问题。Lakewoods公司在确定评价范围中所选用的方法涉及到与当地规划局、法律顾问以及其他相关方的官员进行秘密磋商，而这样主动权就落在开发商的手上，使得整个评审过程能相对较快而有效的进行。如果组织一个公众磋商的过程那么将不可避免地造成时间和成本的增加。尽管有人声称如果在前期进行公众磋商则可以大大节省后续的时间和金钱，但毕竟还没有实践的经验来证明这一点。

方法的有效性

不可否认，Lakewoods公司成功之处在于他们所取得了一定数量的规划许可并且是在很短的时间内获得的。然而从专业和技术性的角度来看，就产生了这样的问题：是否这些确定范围的实践真正取得了成功，延迟公众磋商的时间到底会带来正面的还是负面的影响。

对于Lakewoods公司提交的第一份报告，技术工作小组的官员们进行了非常艰辛的评审。一章接着一章，并确定出一些不完整且需要开发商提供更多数据的地方。不久这些数据以报告附件的形式被提交。也许在一个完整的磋商阶段需要用这些数据来说明一些问题。

在随后的磋商过程中没有人提出报告不完整或者某些重要的信息被遗漏。有理由可以认为，确定范围的方法奏效了。如果当地管理机构、法律顾问以及其他相关方都能积极地参与确定范围的过程，那么仅仅需要技术性磋商就足够了。这也是开发商们所希望的，如果能保证确定范围的工作顺利地进行，那么后续阶段就不会发生延误的情况。

再来看看关于公众磋商或参与的问题。Lakewoods公司精心准备了公众磋商过程，但却在公开了环境影响报告以后。这样，尽管由于存在商业机密、政治意识以及时间限制等问题Lakewoods公司及其顾问们不得不等到初步评估后才举行公众磋商，但他们还是向公众提供了最真实的信息，预测了开发项目可能产生的影响并解释了这样预测的根据。

在每一个被提议的度假村项目评审过程中都会形成一个反对团体，而英国乡村保护委员会（CPRE）总是其中之一。那么如果公众参与了确定范围的过程，是不是就可以避免形成这样的反对团体，也能够赢得英国乡村保护委员会的支持呢？也不一定。大型开发项目提案本身就容易招致各种反对意见。因此再多的公众参与或磋商也不可能逆转这些反对意见。这正是从科茨沃尔德水上公园度假村案例中所得到的重要教训。那时花费了大量的时间和精力与农村教区行政团体及居民们就提案进行磋商，但却仍一无所获。即使有承诺，事实性报告，缓解措施，可预见的利益也不可能减少他们一点点激烈的反对。磋商无疑成为了一场消耗战，尤其是在公众质询阶段，这样的磋商竟起不到一点积极的作用。如果让公众参与确定评价范围只会使这场消耗战开始得更早，持续的时间更长。

专业结论

环境影响评价是提升环境意识，维持环境可持续发展的有利工具。作为工作于私人部门的规划专业人员，进入环境设计小组从事环境影响评价的工作。评价也为当地规划局、法律顾问、其他相关方以及普通公众提供了一份可供后续讨论和磋商的真实情况报告。不过当地规划局能否积极的参与确定评价范围、收集数据以及评价过程对整个工作的进行也起着至关重要的作用。

许多争论都是围绕着评价过程的特性以及环境影响报告所处地位而展开的。一方面，环境评价可看作一个需要有所有人都参与的过程。它涉及到整个社会团体参与项目的设计，其中环境影响报告只是一份具有法律效应的文件随同规划申请书一起提交。而另一方面，环境评价也可看作使环境影响报告在某一阶段成为一个重要里程碑的过程。那时开发商公开了规划，并向公众说明开发项目可能带来的环境影响，从此讨论会和争辩会也拉开了序幕。

这两种对环境评价过程的诠释都是合理的。第一种诠释是一种理想化的过程，即开发商拥有充分的时间、资源以及能力来发起大规模的公众参与活动。这样就要求所有的参与者都能抱以积极而理性的态度参与提案，并且这些参与者最好在项目的初始阶段还未被任命确定的职位。这样看来，最适合的是那些由非营业性部门所筹建的公共项目，从理论上来说这样的项目不大可能会激起公众的反对。不过大多需要接受环境影响评价的项目不大可能会满足最后的这条标准。

第二种诠释环境影响评价的模式更适合于那些需要处理商业机密及时间限制问题的私人开发商。这种可接受性，在环境部发表的最新的《指引》草案更得到了肯定。这份最新的《指引》草案强调了确定评价范围的作用以及随同当地规划局、法律顾问共同进行早期磋商的必要性，并分析了保持商业机密的可能性。对于公众参与的问题，《指引》也以谨慎的态度对其进行了分析。它平衡了公众的愿望及早期公开提案所带来的潜在利益与商业考虑间的关系。不过，在草案中欧盟建议将确定评价范围的程序法律化，尽管从理论上来说这是合理的也受到欢迎，但却可能会涉及到时间限制及商业机密性方面的问题。

注释及参考文献

1 English Tourist Board (1991) *Planning for Success: a Tourism Strategy for England 1991–1995.* London: ETB.
2 The Schedule 3 list is set out on page 16 of the Introduction to this book.
3 A holiday village in the Cotswold Water Park. Environmental Statement. Abingdon: Cobham Resource Consultants, 1988.
4 DoE (1988) Circular 15/88: *Town and Country Planning (Assessment of Environmental Effects) Regulations 1988.* London: HMSO; DoE (1989) *Environmental Assessment: A Guide to the Procedures.* London: HMSO.
5 Lakewoods holiday village: Camp Hill Estate, North Yorkshire. Environmental Statement. Abingdon: Cobham Resource Consultants, 1990.
6 Lakewoods holiday village: South Farm, Market Weighton, East Yorkshire. Environmental Statement. Abingdon: Cobham Resource Consultants, 1991.

第四章

规划局评审

理查德·里德

引言

尽管环境影响评价已经伴随人们20年或者更长的时间，但它自1988年被引入英国的规划体系到正式生效的过程中却未经过任何的准备。也许很多人都太轻信于政府的每年只有很少一部分项目需要接受环境影响评价的言论。而规划局也总是以固定模式管理开发项目。正如彼得·布利德在第一章中所讨论的，从以往的教训来看政府大大地低估了需要接受环境影响评价项目数量。不过另一个方面，他们在项目管理的程序上一直做得不错。大部分适用于《法规》[1]的项目被纳入规划管理中，并与开发管理工作融合得很好。

在前几章已经提到过，环境影响评价为开发管理工作引入了许多前所未有的理念。举个例子，环境影响评价提倡对所有的环境问题都进行广泛的调查而不仅仅停留在传统的规划事务中。对"备选方案"的研究在实践中也得到了越来越多的青睐。此外环境影响评价的实施法则中也逐步引入了许多有价值的概念和方法，从一般的开发管理角度考虑项目影响。

在英国南部的汉普郡，有近30个环境影响评价案例由规划局直接处理，包括6个采矿项目；9个城市开发项目；6个公路/基础设施项目；8个填埋项目；3个污水处理厂建设项目。大部分项目的评价任务均递交郡议会处理，因而汉普郡规划部门的相当一部分专业人员被委任处理这些项目的评价工作。在本章中将就规划部门负责项目评价的官员如何处理环境影响报告中出现的问题进行论述。可以用"规划局的评审"、"审核过程"或者简单的"评审"这三个短语来表达这样的一个过程。这三个可供选择的短语都包含着这样的含义：即规划局在决定是否给予项目规划许可前，需要重新审查通过环境影响评价后所得到的所有信息。对过程的评审通常比评审环境影响报告包含更广泛的内容。环境影响报告评审只是整个审核过程的开始部分，在规划局就一项等待审批的项目做出决策前还需要考虑许多其他的信息。

在本章的后面部分还将通过对朴次茅斯一项家庭废物焚烧场的提案分析来了解评审的过程。这个案例提供了一些非常重要的经验，因为这里所涉及的处理程序在其他环境影响评价案例中并不常见。这些从汉普郡议会所得到的经验并非无所不包。毫无疑问通过另外的案例可以得到同样有效的其他经验，但希望本章中所阐述的内容能给实践者们带来帮助。

行政安排

涉及环境影响评价的项目申请过程与其他大部分申请过程并没有很大的差别，一般都需要通过如下的行政阶段：

- 文件注册；
- 公开申请；
- 磋商；
- 环境信息评审；
- 作出决策并公布结果。

因此，规划局建立了一套可与审核过程有效结合的程序。不过对一些涉及环境影响评价特殊案例的行政处理方法还值得考虑。

第一点值得考虑的方面并没有什么特别，它主要涉及环境影响评价案例中相关文件的数量。一般开发商被要求提交 3 份环境影响报告，若规划局协同 10 - 20 个顾问共同评审时，要求提交文件的数量就更惊人了。这也往往会为规划办公室带来后勤及存储方面的问题。为了解决这样的问题，规划局可以选择利用《规范》并申请将环境影响报告副本直接交与顾问。但规划局总是不情愿选择这样的方式，因为一些规划官员认为这种方式将使审核过程失去控制，事实上这样就等于让申请者直接成为了该项目的行政管理者。

这些文件中除了一些案例说明的普通文件，环境影响报告以及法律顾问的意见书外，还有相当多阐述反对意见的信函——常常达到上百封，另外还伴随着由千人签署的请愿书。随后申请者递交补充证据，施压集团（及他们的顾问）给出反对理由等等。在这些程序进行完后，最初报告中的问题几乎都被遗忘了。因此从审核过程的角度来说，随后提交的文件重要性要大于环境影响报告本身。

第二点是出于对审核过程责任制的考虑。从以往的经验来看，选择一位在开发管理上有经验的案例官员来负责该项工作最为合适。因为需要进行环境影响评价的项目具有涉及范围广、通常可能产生争议性等特性，因此选择一个在案例各方面都能把持的轴心人物非常关键。同时与不同方面（本领域或外领域）的专家进行联络，并与申请者保持紧密的联系也非常必要。类似的，由案例官员参与各种讨论会也很必要，这样可避免讨论会偏离重点讨论方向。另外案例官员还需对项目影响各要素的相互关系进行周全的考虑，这样才能避免某个专家或某一方操纵整个审核过程及后续的工作议程。案例官员的职责被列于政府的《有效实践指导》里有关环境影响评价信息篇中。[2] 概括地来说就是：

- 安排磋商；
- 熟悉提交文件的各方面；
- 评审从各种渠道得到信息的价值；
- 与申请者、顾问及公众保持联系；
- 编纂报告。

一个有经验的案例官员应该非常熟悉所有这些职责，在环境影响评价中还有另外一些附加的培训，尽管不是必要的但却很有用。不过若处于预算削减阶段还需考虑培训成本的问题。一些由不同组织，比如牛津布鲁克斯大学承办的一天培训中心就是他们节省成本的一个不错的选择。

许多定期接收环境影响报告或者处理其他一些重要事务的规划局会组织一个"固定专家小组"，召集规划部门或者其他地方不同领域的官员来参与。成立这些专家小组的目的在于帮助评审案例的过程。通常这些专家小组并不是正式意义上的某个组织，而是由那些担当着重要职责并在该方面比较有经验的案例官员组成。他们经常来参与案例的审核，在此过程中提出许多意见。另外还可以特别邀请其他机构的评审员来参与审查环境影响报告。这样做可以为规划局提供许多涉及确定评价范围或环境影响报告的意见，并给出哪些方面还有待进一步审查的建议。在汉普郡，环境评价协会就以这种方式来处理海洋项目。这种实践对将来进一步的审查具有不可小视的参考价值。另外规划局也可利用他们自己的一些人力资源来完成这项任务。当遇到特别有争议的案例时，聘请外机构的评审员来处理优势尤为明显。不过为了使报告更具可行度，规划局也许更希望证明报告是由他们独立审查。

在行政管理方面最后需要提出的是工作安排。由于一般涉及环境影响评价的申请都比较复杂并且有不同团体参与，因此规划局需要对将要做的工作做好各种安排。如果没有安排好，很可能导致接下去的各项工作变得漫无目的，使开发项目处于"项目已完成了，工作安排还未做好"的状态。如今公众权威对项目开展审查时也必须严格服从于所列的时间表。还须值得注意的是，根据《规范》的要求，需要接受环境影响评价的开发项目评审工作必须在16周内完成。另外申请者通常需为项目支出很大一笔开支，所以他们也急切地想得到权威们对项目最终作出的裁决。

公开申请与公众参与

环境影响评价的主要目的就是要把项目的所有环境方面的问题都呈现在公众面前，也包括让特定的团体作出决策。法规[3] 要求规划申请随同环境影响报告以刊登广告、在现场招贴公告的形式进行公开。不过，这些被列入法规中的要求只是所有要求中的一小部分，另外还有不少程序结合于审核过程中。

必须认识到法律规定的21天用于公众对申请提出意见评论的期限是远远不够的。对于那么多包括环境影响报告在内的文件只由专家，而不让所谓的“门外汉”参与处理，很难想像他们可以为此类如此复杂的项目作出非常全面的评价。汉普郡的案例就做得很漂亮，他们直到负责项目评审委员会最终作出裁定时才结束公众对项目提出意见评论的过程。甚至议会还制定了一项允许相关方直接向委员会提出意见的政策。当然有时需要专家小组成员对一项有争议的项目进行现场考察也是很正常的。通常在一些会议中还会邀请公众成员参加并对项目提出自己的意见。

通常申请者会被鼓励举办一个小型的有关项目提案的展示会，以使相关方有机会对项目中更细节的方面进行审查，从而改变他们的看法。同时它也给开发商一个了解公众对提案看法的机会。至于这样做究竟能使项目中多少问题得以解决就是另外一回事了。

将申请公开的另一方式是召开公众会议，不过这是所有方式中作用最弱的一种。在本章最后所提到的朴次茅斯一个家庭废物焚烧场提案的案例中将解释原因。在这个案例中，开发商为项目在朴次茅斯召开了大大小小一系列会议，但是结果却如同一场灾难。看来公众会议并非是交换信息和意见的最好方式，但它却可以起到保证社会稳定的作用。因为在公众会议上，民众可向当局发泄他们的不满和失望，从而保证了地方民主的实行。不过它对环境决策的作用就有些微不足道了。

公众会议已引来了如此多的批评，而最后一种公开方式似乎显得更激进。现今在由当地居民和相关方参加的社会讨论会上讨论规划案例已变得越来越平常。这种方式在汉普郡及其他一些地方用于处理一些较棘手的项目时都取得了很不错的效果，如开矿和填埋。诚然这种方式通常只用于监察许可中，但如今郡议会已把它作为审核过程的一部分。郡议会期待在接下去的二三年内可以收到废物处理厂的提案，在有了朴茨茅斯焚烧场项目的经验后他们不得不承认，需要采用一种超前反应的方法来消除公众的顾虑。从这点来看，社会团体越早参与到规划事宜的处理中，项目也越有可能得到最后的许可。不过，要选择这样的方式来公开提案也不能过于草率。因为在会议中要使用的一些资源信息很有可能是相当具有危险性的，弄得不好就可能引来争论从而导致会议向不可预见的方向发展。同样，这样的过程也不能太操之过急。因此一旦这种公众参与的方式正式启用，它就必须按照常规的方法进行。

另一方面，大多涉及环境影响评价的项目常常会受到社会团体的抵触。因此除非评审程序为公众参与环境决策而设定，不然规划局的审核过程将变得日益繁重。

筛选与磋商

规划局已为与诸如高速公路署、国家自然保护署等相关法律团体的磋商制定了一套完备的程序。事实上，根据法规规定这些磋商活动应该是强制性的。相应地，把在磋商过程中此类团体所提出的意见纳入审核过程也已相当程序化。

在磋商过程开始之前，案例官员需把环境影响报告及项目申请书提交筛选处理并确认：

- 文件符合法律要求，然后才能正式注册；
- 环境影响报告内容基本完善；
- 参照开发计划检验提案（这样可以确定随后需要重点考虑的问题并检验项目是否背离最初开发目的[4]）；
- 确定出一份完整的参与磋商顾问名单。

除非这些基础工作都得到落实，不然在评审中很可能遇到后续的一些棘手问题。其中通常包括因申请者的麻烦或案例官员的不满，又或者这两种因素都存在而导致审核过程中断。在所有涉及审核过程的事情中，被迫对那些早该处理好的事务重新进行补救是最让人恼火的。的确，一些案例在申诉于国务秘书后，才被注意到在项目审核过程中有一些简单的程序被遗漏了。案例官员不得不一步一步地要求申请者提供进一步更详细的信息。而这些信息本应在审核过程开始阶段就已得到确认。因而从中得到这样的教训——必须确保案例的筛选程序就位并得到实施。

通过磋商，案例官员解决了许多重要的问题。从以往的经验来看，无论提交的环境影响报告的质量多高，范围多全，顾问们仍可能提出一些不可预见的问题。这其中有许多原因。首先，在初期磋商中顾问们并不了解项目的一些细节问题，因此他们也不可能在申请者递交申请前提出足够全面的建议。其次，每个顾问对项目产生影响轻重以及影响间关系有自己不同的判断，从而可能出现低估过去所作影响评价的问题。

是否能解决这些新出现的问题非常关键，因为许多争论正是基于这些问题而产生的。对于案例官员而言，没有现成的技术、程序或框架来指导他们处理这些问题。因而需要他们根据自己的经验及已掌握的职业技能去发现问题，并与相关组织进行讨论以寻求满意的解决方法。另外案例官员还需对顾问们所提出的意见进行严格的考查，这样实际上是检验顾问们的实际工作能力。这一阶段审核通过后，就可以进入到申请者与顾问间的磋商阶段了。在以往的一些案例中，申请者与顾问双方就影响事实或缓解措施所达成的协议便可解决这些问题。从另一方面来说，这些问题也可能仍是最终评估审核过程时所必须解决的问题。

有时，顾问并不能提供规划局所期望得到的建议。在朴次茅斯焚烧场案例中就有这种情况。只针对大气污染物排放问题提出了一些表面上的建议。而其他出自环境影响报告之外未解答的疑问就留待规划局自行解决了。在这种情况下，规划局可以与顾问们就他们所提出意见中的不足之处进行改进。环境顾问行业随着环境影响评价体系的发展呈现出蒸蒸日上的气象，这一点从朴次茅斯焚烧场案例中具有争议的问题上就可以看出。在朴次茅斯焚烧场案例中，共有三类不同职责的顾问参与工作。一类为开发商准备环境影响报告；一类为市政府核查环境影响报告（尽管他们并不属于规划局的正规编制）；还有一类顾问为郡议会调查有关污染和噪声的问题，因为当地各污染控制部门认为就环境影响报告所记录的影响是不完整的。尽管所有这些所涉及的问题都得到了相当专业的建议，并且郡顾问也解决了一些关键性的事务，但当公众获悉这些专家意见还存在冲突时就可能对审核过程的可靠性提出质疑了。

环境信息的价值评估

评估环境信息的价值一直是案例官员在审核过程的工作中最具有挑战性的一项。在这个阶段，案例官员需要将与案例相关的所有信息集中在一起并对其价值进行评估。这些信息包括由开发商（或需要的时候顾问）所提供的信息，顾问的观点，公众的评论，政策说明等。接着案例官员对项目的可接受性作出裁决，并报告规划局等待最终决定。

审核过程中这一阶段工作需要那些有经验的案例官员发挥出他们所具有的基础核心技能。通常他们都已从事此类性质工作很多年，而且许多手册或教科书中都提供了有关评价影响及信息价值评估方法的指导，他们可以从中获得不少经验。在本阶段最后案例官员需要对项目的可接受性作出裁决。但不管怎样这种裁决多多少少带有一些主观性，因为项目可能造成的问题中只有很少一部分可以用客观的方法进行分析。另外案例官员还需借助于评审者的帮助权衡各种不同性质的环境问题，以确定解决这些问题的先后顺序。这就好比比较苹果和梨哪个更好一样，不可能有一个确定的答案。尽管如此，案例官员还是不得不每天面对这些难题并提出可以经得住专家、公众以及相关方严格考察的意见。

究竟信息价值评估包含了哪些内容呢？政府为案例官员[5]提供了一个如何展开此类工作的框架，实际上大部分的规划局已有效地沿用了一个类似的工作框架。尽管它不一定如政府所提供的工作框架那么明确、有序，但通过实践其中有一些可经受时间考验的工作技巧也逐步发展了起来。这种汉普郡规划部门所采用的方法主要是以以下的方式来整理信息：

- 确定项目现场及周边环境的详细信息，包括是否处于基本规划限制地点，比如特殊科研基地，著名自然风景区等，是否可能受到提案的影响；
- 确定在提案或项目中起决定性作用的细节，包括申请者所作的申辩理由，特别是考虑到开发项目的发展需要；
- 对相关开发计划及其他规划政策材料进行确认；
- 总结环境影响报告所确认的影响；
- 总结被咨询部门如国家河流署、地方议会等所提出的意见。

案例官员把所得到的信息按照这样的结构进行归纳，便可有效地确立出与案例相关的事实和问题，以帮助完成项目的评估工作。接着评估工作按如下框架开展：

- 突出对决策起决定作用的问题；
- 根据政策检验项目是否符合规范；
- 在考虑可能减轻影响的各因素后判断主要影响的重大性；
- 根据政策规范、顾问观点以及专家意见来考察这些影响；
- 提出非关键问题（这些问题都可以通过属于许可范围内的规划条件来解决或者可以认为这些问题不属于重大影响）；
- 对项目的可接受性作出整体判断。

上述的工作框架未能反映出这种评估价值的方法实际上是一种重复性的工作。大多提交给案例官员的信息通常都未经筛选非常杂乱。有些关键的解释信息总是迟迟才送达案例官员手中，这样又导致需要重新评估一些问题，然后再进一步与申请者进行磋商，重新设计项目中某些不足的部分或再引进一些可能减轻影响的方法，再磋商，再评估，周而复始。这就是环境信息如何进行评估在实践中的运作方式，紊乱而反复的状态。但这并不否定此工作框架可以给与案例官员的参考价值。

要评估及确认出关键问题是案例官员工作中最难的一件事，因为只有通过再三的实践才可能对那些难于理解的问题作出恰当的判断。而一些诸如噪声影响之类的问题就很容易处理，因为它们可以通过测量得到结果与已制定的标准进行比对，从而区分出是否可能产生不良影响。但是像视觉影响这样的问题就很难判断了，因为在判断前需要权衡社会群体或者专业人员对这些不良影响与实现某些政治目标关系的看法。朴次茅斯焚烧场案例的问题在于所建造的焚烧场过大与汉普郡的长期废弃物提供量之间的矛盾。处理这类案例最后常常需要去权衡那些只有通过政治手段才能解决的问题。因此，公布所挑选出参与案例处理的规划局成员的名单也是审核过程中比较重要的一部分。

撰写报告

实际上案例官员所撰写的报告是对整个审核过程的一个反映。这些报告代表了规划局——汉普郡规划署首席执行官或管理者的意见。它们给决策者一个坚定的许可，列举出关键事实并给出自己的意见以确定主要问题。另外，所挑选出参与案例处理的规划局成员必须清楚地理解这些争论所涉及的逻辑问题，并且知道专业顾问是如何协调这些问题的。汉普郡案例的报告纲要如下：

- 执行措施综述；
- 案例背景；
- 现场及周边环境情况；
- 提案详细内容；
- 开发计划；
- 可能产生的环境影响概述（这里的环境影响是指在环境影响报告中已确认的）；
- 顾问的评论；
- 公众的评论；
- 地方议会的观点；
- 郡规划局官员的评论；
- 建议。

报告最后部分的建议实际上也是郡规划局官员所作出的最终裁决。然而，有时因为一些未决的问题可能使得最终裁决变得复杂化，其中最主要的问题是在审核过程所出现的有关利用规划条件来检验消减措施的效果。这些条件往往可以反映出申请者所提出或者规划官员所推荐的、可减少不良影响的措施以使得项目获得认可。这些条件包括需要通过额外的一些美化工作来处理周边土地业主所关心的视觉影响。由于消减措施涉及类别范围较广，因此运用上述条件来处理并非毫无缺陷，因为许多条件受到规划法令的限制。政府[6]的建议给出了非常明确的操作准则，并指出了在处理过程中会与涉及环境影响评价案例发生冲突的方面。

第一方面是项目建议的缓解方案（比如高速公路改造）并不受制于规划条件。在这样的情况下，规划局需要求援于法律与申请者达成协定，从而保证后续工作正常开展。而制订这样的协定完全是出于例行公事。[7]另一个涉及缓解措施的方面则由另一个完全不同的机构——国家河流署实施处理。这样还是会出现一些小问题，因为在缓解措施中若还存在有争议的地方而又迟迟得不到满意的答复，那该提案很可能在一段时间内悬而不决。在这样的情况下，规划局只能期盼在适当的阶段这些问题会得到圆满解决。这种局面在处理污染问题，特别是在那些管理权限发生重叠的地方显得尤为突出。在近期政府就规划与污染控制关系所提出的建议中就说明了这一点[8]，不过是否这样的建议在实践中可取得效果，还将拭目以待。

总的来说，撰写报告的目的只是从一个专业的角度来区分那些已得到证实或仅仅是报道的事实。这也为当选参与案例处理的成员提供了时间衡量各种问题，从而分辨出哪些事务需要他们优先进行处理。审核过程的这一最后阶段非常关键。因为不管前期工作执行得如何充分，在审核过程中依然会存在一些用技术性语言不能进行解释的问题。规划局的官员们可以根据规划政策以及所作的裁决给出他们的建议，但是在一些具有争议性的案例中，此类问题就只有通过政治手段才能得到解决。因此，在审核过程中还应突出那些通过技术手段不能解决或者需要在互相冲突政治目标间作出决定的环境影响问题。最后要说的是，审核过程实际上就是一个政治过程。

朴次茅斯的生活垃圾焚烧场

朴茨茅斯的生活垃圾焚烧场案例表明，许多问题与规划局的评审有关。其中主要包括：

- 环境影响报告的可信度；
- 顾问建议的可靠性，特别是对于那些非传统规划问题——如污染所作出建议的可靠性；
- 对政策的怀疑；
- 公众的参与；
- 政治问题。

项目背景非常复杂。毫不夸张地说，该项目提案正突出了此郡废弃物填埋容量的弱点，在1996年末一批不符合欧盟排放标准的城市焚烧场被强制停用后这样的局面更加恶化。作为废物处理权威机构，郡议会与一私人承包商在朴茨茅斯合作设计、建造、运行了这样一座大型废物焚烧场从而解决了该郡长期以来所面临的矛盾。但这样的合作只是在承包商可以独立地取得规划许可后才能奏效。于是在1991年，承包商将环境影响报告连同规划申请一起递交规划局审核。

该废物处理厂建于朴茨茅斯一工业区，包括垃圾焚烧场及一片空地在内共占地为3hm^2，每天设计处理生活垃圾量为所在郡的2/3。厂区主建筑物长200m，宽45m，高38m，容纳了生活垃圾焚烧过程中所有焚烧装置。此外厂区内还建有一高85m排放烟气的烟囱。该厂设计每年每焚烧400000吨垃圾可发电 34MW。同时会产生 95000 吨飞灰，这些残余物每天需用 500 多辆卡车运走。另外人们还意识到该厂所排放的各种废气会对大气造成污染，不过通过一定的控制装置及措施这些问题可以得到解决。

申请书共分为 3 卷，由概要、主要陈述部分以及技术列举这三部分组成。它提出了项目的政治背景，描述了开发前景，考察了备选地点、技术以及废弃物管理手段，并分析了现存的环境状况。在报告中所确认出的主要影响有：

- 建筑噪声及振动——控制在允许范围内；
- 处理装置运行时产生的噪声及振动——没有不利影响；
- 降低填埋资源不足的压力——好处；
- 依从于郡议会废物管理政策——好处；
- 交通——边际卡车数量的增加，使得一些狭窄路段的拓宽项目提到议事日程；
- 大气质量——没造成重大影响，所有排放污染物均在欧盟方针中列出，地面污染物浓度高于现存浓度的 1% -2%；
- 视觉影响——由于该厂废物处理建筑物体积过大可被认为会造成消极影响。

环境影响报告自它公开发布后几乎成为了所有难题的起源。自项目正式被宣布立项后，就需要花费大约 4 个月的时间来准备环境影响报告。在这段时间里，承包商与他们的环境顾问将展开长时间的讨论，其中包括与规划局就“确定评价范围”的问题进行商讨。尽管如此，委员会的规划官员依然对报告内容持怀疑态度，因为某些环境影响还无法用一种严密的分析方法量度。另外影响评价的方法缺乏连贯性，文件中那些缺乏说服力的评论以及只略有提及的备选地点和废物管理措施都不可能为其带来任何帮助。总之，它们都暴露出一些事实性信息实际上错了。

规划局依照标准化程序将这些文件内容作为后续大范围磋商的主要讨论议题。此外规划局还打算聘请顾问们就噪声和大气污染问题提出建议。一些被咨询者对项目的某些细节——特别是涉及焚烧场特性，包括污染控制的效率、废物处置一体化的概念、提案内容对废物管理目标实现的影响以及处理厂规模等问题吹毛求疵。规划局的顾问建议，诸如噪声（和振动）污染及大气污染的影响需作进一步调查。另外还需提到的一点是，皇家污染检查所（HMIP）认为仅专职顾问负责此类工作是不全面的。

从顾问的建议、一些被咨询者的反映以及公众所关注的问题中申请者得到指示并遵照适当的规划法规向规划局递交进一步的材料。补充报告要求突出如下方面：

- 噪声及振动影响；
- 确认排放量；

- 视觉影响；
- 从烟囱排放烟雾后的可见度；
- 飞灰处置地点。

在后来与补充报告一同递交的申请报告修改版本中把垃圾处理建筑物的高度作了修改，从原来的38m降低到了33m，同时还另外增加了一些大气污染控制装置。随后补充报告和申请报告的修改版本公开发布，额外的磋商活动也正式展开。同时由于项目中存在一些政治性问题，政府部门决定把这份申请书移交国务秘书审核。

郡议会的官员们一直都把该项目提案认定为一项容易引起争议并能吸引公众注意力的提案。随后一系列用以解释提案的展览会及相关会议相继召开。另外开发商还作了大量的努力用以吸引公众的参与，尽管如此公众的反应仍然消极。

在该项目的申请报告及环境影响报告未正式出版前，当地一家报社就打出了“禁止建造焚烧场”这样的标语作为抗议。一个地方压力集团也慢慢地壮大起来，并且在许多事实未明的情况下一封又一封的反对信蜂拥而至。有一个人甚至不惜代价地将补充报告中的插图用另一张经过蒙太奇手法处理过的图片进行替代。后来在发现了申请者文件中涉及垃圾处理构筑物的视觉影响的错误后，反对集团的可信度又得到了进一步的提高。

在公众会议中，某些小团体操纵着整个会议程序并引诱着申请者与委员会官员们顺着他们所期望的方向前进，因而公众会议会出现嘈杂无序的状况便在意料之中了。在这样一个以情感为主体的大熔炉里，理性的思考只能退居次位。没有人在这样的场合会提出项目涉及的复杂问题，而仅仅将它们留待今后再考虑了。尽管如此，从这场与公众较量的战役总体来看，申请者们可以得到一些关于后续将在哪些问题上再提供进一步信息的提示。不过，就补充报告中来看，对于项目提案修改的结果并不比最初的提案对减轻影响有更大的帮助。

对该项目的进一步分析可以发现，它实际上是一个政治牺牲品。不同的政治团体掌控着整个市与郡议会。地方政府审核机构与市议会都期望能够统一的雄心已初露端倪，但郡与市之间还存在着一定程度的矛盾。该案例的出现正赶上1992年的国家政治大选，甚至最后还成为当地选举中的一个矛盾中心。

在这种情况下，所有条件都不利于对状况作出客观的评价并通过总结审核过程撰写出技术性报告。该技术报告于1992年6月完成，其中记录了环境影响报告中所提到的影响、公众的观点、被咨询者与政府内部顾问的意见。报告最后给出了这样的结论：尽管项目中还存在着许多具有争议性的问题，但最终裁决仍然认为该项目及其可能产生的影响是可以接受的。在报告中还提到了对项目产生的视觉影响所持的保留态度，因为项目的益处及境况要大于其可能产生的不利影响。

尽管如此，议会还是对这样的建议提出了反对意见并拒绝支持申请者的申请。议会认为从原则上来说这样的垃圾焚烧场可以被接受，但是考虑到议会原本的期望是建立一个由多台小型焚烧炉组成的废物处理网来处置该郡的生活垃圾，这样的项目就显得过大了。

从这个案例中可以得到很多的启示。首先对项目陈述报告可信度的怀疑从最初就始终缠绕着整个评审过程。公众发现了项目中不少关键的缺陷——而蒙太奇式的照片可能是最令人尴尬的事情了——当然也还有许多小错误。而且诸如飞灰的处置这类问题也存在于这些严重的错误中。除此之外，很明显地可以看出用以评价大气及噪声污染的方法也值得怀疑。不过这点对项目影响不大，只要在后续的工作中把不足的信息补上即可。通常，大部分提交后的环境影响报告都被要求提供进一步相关的信息以澄清某些问题。而大部分情况下这些后续提供的信息都能很好地达到审核要求。但不幸的是，对于朴次茅斯焚烧场案例无论是它的错误、疏忽处甚至所递交文件的格式都与该项目及其开发寓意极不相称。

其次，在法律顾问不能提供充分建议的情况下需要向他人寻求帮助。在朴次茅斯焚烧场案例中，大气污染问题始终被确认为是整个案例所要处理的最关键问题，许多顾问负责处理这个问题。然而皇家污染检查所的官员们却认为只有在申请者申请获得 1990 年环境保护法令许可时才需要提出大气污染的问题。也许这在官僚政治时期是个比较巧妙的方法，但用以解决规划申请质疑却不可能得到令人满意的结果。尽管后来郡议会还是得到了可供选择的建议，但是并不是所有的规划局都可以接受这样的建议。所以如果在审核过程中不能提供充分的意见，可能危及到能否得到一个令人满意的审核结论。

第三点启示是现今环境影响评价体系制度用于处理那些处于政策真空区的问题还有一定的难度。朴次茅斯焚烧场项目属于"汉普郡废物管理计划"提案中的一部分并通过周密考虑。然而审核过程的自始至终都可以很明显地看出，"废物管理计划"中并没有足够可支持项目开发的内容。废物管理政策过去、现在一直都在发展中，但该项目的开发看似并不赞成废物再循环的理念。此外对于焚烧场提案的争论直到那时才刚刚开始，报告中也没有把这个问题很好地提出来。若在某个体项目中出现未曾解决的政治问题时，它就很难在审核过程中挽回这样的局面。在审核过程中要另外寻求一片可供开发的地点或另一种调查手段是一回事，而要涉及其他的政策选择权就是另一回事了，这远远超出了项目评价的范围。

公众的参与对这个案例起着关键的作用。尽管所召开的一系列公众会议及展览会非常成功值得称赞，但依然可以很明显地看出这种方法对那些有争议性的案例不足以奏效。

最后想说的是，一旦审核过程被政治问题搞得混乱不堪的话，它将不可避免地对最终决策产生扭曲作用。由于大部分的规划案例并不直接触及政治问题，因此不必特别在意。但即使这样最终的决策通常还是会由政治家来作出，这点非常关键。无论如何，政治问题并不是孤立存在的，是否在排除了其他的影响因素后结果会有所不同呢，这就不得而知了。

一些结论

规划局评审涉及环境影响评价案例中相关的环境信息的方式与过去处理那些主要规划申请方式并无二致。这个由汉普郡规划局处理的环境影响评价案例只是所有具有争议性与复杂性并存的“普通”规划申请中很小的一部分。各规划局有自己的操作经验与方式，而不同之处存在于看似相似的工作框架中。所有的规划局多多少少都会依赖于与各特定部门通过磋商达成协议。他们也都有一套检验所得到的环境信息，在两个相冲突的政治目标中作出裁决，以及撰写报告的方法。最后一点，所有的规划局都属于政治团体，这个事实也不会在审核过程中有所改变。因此，通常来说涉及环境影响评价的案例最终到底具有什么样的命运还是取决于正确的裁决，而这样的裁决并不建立在技术性的基础上。说到底审核过程实际上是一个政治过程。

注释及参考文献

1 Town and Country Planning (Assessment of Environmental Effects) Regulations 1988; Town and Country Planning (Assessment of Environmental Effects) (Amendment) Regulations 1994.

2 DoE (1994a) *Evaluation of Environmental Information for Planning Projects: A Good Practice Guide.* London: HMSO.

3 Town and Country Planning (General Procedures) Order 1995.

4 A 'departure' is a form of development which is considered by the planning authority to be contrary to the provisions of the development plan. Departure applications have to be advertised as such and the relevant Secretary of State has to be informed and can 'call in' the application for determination.

5 DoE (1994a) *op. cit.*

6 DoE (1985) Circular 1/85: *Use of Conditions in Planning Permissions.* London: HMSO.

7 Legal agreements between developers and local authorities take many forms but are normally used to secure some form of mitigation requirement that cannot be secured by planning conditions. The most widely used are known as 'planning obligations' which are secured under the terms of S106 of the Town and Country Planning Act 1990 (as amended by the Planning and Compensation Act 1991). Advice on their use is set out in DoE (1991) Circular 16/91: *Planning and Compensation Act 1991: Planning Obligations.* London: HMSO.

8 DoE (1994b) PPG23: *Planning and Pollution Control.* London: HMSO.

第五章

磋商及在环境影响评价过程中相关方的冲突

乔·韦斯顿

引言

磋商是环境影响评价过程中相当重要的一个组成部分，其核心地位在1985年《欧洲经济共同体指示方针》中得到确认。《指示方针》的第6条条款特别提出了在对涉及环境影响评价的项目作出决策前必须执行公众参与与磋商。这样的要求在环境影响评价体系诞生早期就已被提出，特别是在美国。经常会有这样的情况，公众在遭遇一个糟糕的规划安排时除了接受结果外别无他力。而环境影响评价的理念正是提倡把公众参与和磋商作为环境决策中的中心环节。[1]

在英国，公众参与磋商长期以来都是开发项目的管理与战略及当地开发规划决策的重要组成部分。在赋予了规划体系的种种特性后，公众磋商由参议院定义如下：

> 在任何情况下磋商的基本要求在于磋商过程必须是一个真正意义上交换建议并考虑建议的沟通过程。要在磋商中获得足够有效的信息就需要双方共同努力并真正提出一些有帮助性的建议。要给予磋商一定的时间，同时也要有足够的时间让咨询方能切实充分考虑是否应该接受某些建议。在这里所提到的"足够"并不仅仅意味着"无限长"，至少要能保证在有限的时间内达到相关的目的。[2]

在环境影响评价范畴中，磋商是一种可以将各环境信息综合起来并就环境影响建立一种更全面诠释的方式。若在提交规划申请前就进行磋商，那对于接下去确定评价范围的工作会变得更加顺利。通过磋商，环境影响评价中的主要问题可以被确认出来，所有团体也可以就这些问题进行协商。这样避免了许多徒劳无益的工作，从而节省了时间和资源。由于磋商结果需要与评价过程结合起来并且项目中的必要部分也要作设计改动，法律顾问、其他地方或国家团体以及当地居民有时会提出重复环境影响评价工作的要求。当然，这也要视情况而定，包括对顾问们所提出的要求、若不顺从他们的希望所耗费的环境成本以及参照顾问意见所作所有变化的总成本作出权衡。参与环境影响评价的每一个团体都有自己优先考虑的问题、期望及要求。不过，在英国，磋商不是或者说很少在环境影响评价过程中进行。而且它的目的也并非将所有的评论及反馈意见集中起来以对项目和环境影响报告内容进行讨论。在英国主要的磋商活动一般是在环境影响报告已撰写完成，并且规划局也已将项目的规划申请登记在案后才正式展开。当然若开发商欲根据环境署颁布的第22条法规的要求，即在递交规划申请及完成环境影响报告之前与相关法律团体如环境代理处或乡村委员会进行磋商也是可行的。不过这点要求在修订后的指引中才被定义为强制性要求。[3] 尽管这样的情况偶尔也会出现，但大部分情况下法律顾问只有在规划局收到规划申请并正式通知进行磋商时，他们才知道有此项目提案的存在。[4] 开发商们也许会认为与法律顾问所进行的早期磋商会减弱他们在竞争对手中的竞争力。但实际上现今的规划过程已如规划署出版的《导论》中所描写的一样，若能在早期进行磋商就可避免在提交申请后仍需对提案重新设计或修改的麻烦，从而为开发商节省下非常宝贵的时间和金钱。[5]

磋商内容实际上就是围绕各种不同环境利益问题以及决策者对这些利益的看法而展开的。实质上这是在规划过程中区分各种利益很好的手段，通过对这些利益的衡量并将其实质化，就可以得到一个均衡的规划方案。在环境影响评价的范畴中，磋商也是一种“老练者”用来获取那些环境影响报告中未提及的重要“环境信息”的主要手段。

有竞争性的利益关系并不仅仅存在于开发商与顾问之间。当开发商无法满足所有团体所要的利益处于中立，而“老练者”却试图在这种无法建立平衡的情况下建立所谓的平衡规划方案时，这样冲突就在顾问之间产生了。这种冲突，通常是存在于相互关联的办事机构、公众团体以及相关利益方之间复杂的关系网中。他们聚集于此，在规划过程这个平常的大舞台上保护或提升环境中他们所寻求的特殊的利益，又或者有时仅仅是为了掩盖阴暗的一面。本章就是要通过两个具体的案例来分析利益方之间这种错综复杂的关系。第一个发生于牛津郡案例所涉及的问题非常典型。而第二个案例的问题不仅仅简单的出于磋商过程及环境影响评价。通过对这两个案例的分析，可以从中找出如今在磋商及公众参与过程中所存在不足之处。同时还将认识到，要满足法律顾问、当地政府以及包括参与环境评价中的组织、团体及个人在内的复杂而有冲突的利益相关方中每一个成员的要求是一件多么困难的事。

Witch 项目

背景

哈韦尔（Harwell）原子能科学研究院（AEA）坐落于高速公路 A34 西边，牛津南部大约 16km 处。事实上它离奇尔顿（Chilton）村庄的距离较哈韦尔近，而哈韦尔在其北边约 3 - 4km 处。该地属于原英国皇家空军基地外围的一部分，曾经是二战中用作停靠轰炸机和滑翔机的基地。当时第一个在 D-Day 登录法国的飞行员就是在此基地起飞的。如今为纪念这件事而建筑的纪念碑就矗立在当时主跑道的末端。哈韦尔原子能科学研究院属牛津郡怀特霍斯（White Horse）山谷行政区管辖范围。

在这个旧机场的南部边缘处建有皇家空军用以存储弹药的仓库。这片土地上大约 3.6hm^2 的地方都建有混凝土房，房子周边及该地的外围都筑有防止爆破的泥土护墙。该地除了用于军事储备外，在 1938 年至 1946 年期间还用于储存及处理用于清除武器及器械污垢的化学清洁剂。[6]

战后，这里就被作为英国研究核能源的基地，许多新兴的核能技术及核项目就是在这里开发壮大的。原子能科学研究院依然沿用曾经存储弹药的仓库并继续在这里对除垢剂以及其他一些化学制品进行开发实验，另外他们还将那些欲投入海中作最终处置的低辐射污染废弃物储存于此。这些废弃物主要含三氯甲烷、四氯甲烷、三氯乙烯、四氯乙烯以及一些少量的苯、甲苯和二甲苯。[7]1970 年代原子能科学研究院也曾在哈韦尔西部边缘大型联合厂内一块经批准可被作为废物处置所的地方将溶剂投入深坑中进行处理。而且自 1973 年起他们就将这些已经处理的化学药剂向中学、大学或医院出售以作商业之用。[8] 在南区的存储地点，即前弹药储存地总共可处理大约 4 吨溶剂。而西区的存储地点一次可处理 20 吨。无论是在南区或西区，化学溶剂的处置所用的方法都是相对比较简单的。

西区存储地在以研究院外围安全铁丝网为边界的主区内，而南区存储地却与研究院主实验室区分开，它的东部边界毗邻奇尔顿小学。研究院所在区域的东北部有一条名为塞文（Severn）的马路，路边有一排共 75 座预制的住房，这里是 1950 年代为原子能科学研究院的员工住宿之用而建造的。这片住宅区的面积约 14hm^2，属于牛津怀特霍斯山谷行政区委员会 1988 年制定的乡村区域规划草案中的一部分，今后这里还将迎来约 275 位新住民。[9] 临近西区存储地的西边界处有一条马道，它直通项目现场西边 200m 处的高地农场。远离马道的另一块土地已被规划批准用作高尔夫球场。小学东部远处有一经改建的酒吧，两居民住宅以及毗邻 A34 高速公路的奇尔顿中心公园。

主要问题

1980年代末，在离原子能科学研究院现场东部4km处发现了一个供泰晤士河所用并以此供给布卢伯里（Blewbury）和阿普顿（Upton）地区居民饮用水的地上凿洞，凿洞中的氯代烃类含量要高于平均水平。[10]1990年初，国家河流署就开始着手一项研究污染物来源的计划，同时他们还分别在布卢伯里、阿普顿、奇尔顿以及哈韦尔地区大面积的范围内采集地上凿洞的样品进行分析。从研究结果来看，他们认为污染主要来源于原子能科学研究院的废物存储地。[11]

国家河流署与原子能科学研究院进行了秘密磋商后，原子能科学研究院同意接受国家河流署所提出的所谓研究计划，并在必要的时候对污染采取控制措施。这项研究计划包括在18个月内对地上凿洞特性实施进一步的测试。估计的成本为近50000英镑。[12]

国家河流署担负着保护水环境的职责，因此它有权对那些造成河流污染的企业部门提起诉讼。但现在的情况是，他们并没有足够的证据可以证明原子能科学研究院应该为这次饮用水污染事故负责，因为原子能科学研究院废物处置现场与饮用水源相距很远。据报道，尽管原子能科学研究院的发言人承认这次的污染事故可能和他们有关，但是哈韦尔不能接受认为他们对布卢伯里公共饮用水供给污染负有责任的说法。[13]

怀特霍斯山谷行政区政府首席环境健康官员对原子能科学研究院以及国家河流署的举动表现出了极大的痛心。1992年的9月，他这样和他的议员们说：

> 对于像原子能科学研究院这样有国际名望的组织竟然在整个1970年代，特别是在处理其他商业用途上所滞留的大量废弃物时，依然用这样简单的方法，我感到非常惊讶。同时我也对国家河流署竟然在得知含水层已受到如此高程度的污染时还不行使他们应有法律权利的行为非常诧异。[14]

这个时期，原子能科学研究院正处于体制转折的进程中，从公共政府机关开始艰难地向以商业为导向的研究团体转轨。这可能就是导致他们后来的行为很容易受到公众期望影响的原因。即使在没有国家河流署的压力下，原子能科学研究院也开始进行地上凿洞污染源的调查工作。调查结果最终证实了国家河流署及当地政府的怀疑，即这些进入含水层的化学溶剂来源于西部及南部两个存储地。从调查中还发现，尽管西部存储地的化学物质已开始扩散但仍未超出原子能科学研究院的外边界，而南部存储地的化学溶剂已向外部扩散得很远了。[15]

西部存储地被断断续续的用作处理氯代烃类溶剂的场地已将近40年，在这里氯代烃类溶剂先被倒入泥土地上所挖的大坑中，然后用土壤覆盖作为填埋方式。大坑的下面是白垩层，这些化学溶剂经雨水冲刷后通过白垩层渗透进入下面的含水层，最终这股污水顺着东南方向由该地流向远端的奇尔顿和布卢伯里镇。[16]

处理方案

原子能科学研究院开始着手寻找解决方法。在与国家河流署、英国的环境咨询所以及一些国外机构，特别是与美国遇到过类似问题的当地部门进行交流后，原子能科学研究院发现近期内没有什么实质性的工作可以清除含水层中的污染物，这种状况可能将持续至百年后含水层中的溶剂被完全洗刷出来。不过还有一种方式可避免使更多的化学溶剂进入水层。

一般而言原子能科学研究院首选的方法是在上游将还有污染物的水从含水层中的抽出，水流在通过各种形式的过滤系统后，再在下游重新被注入含水层。这样就形成了一个闭环，在含水层的抽取处不会有另外的逆流水流入。同时，这样可以在这块区域内形成一个水流低压，上游含有污染物的水不断进入区域，但通过过滤可以把污染物控制在这个区域不被泄漏。而工厂只有等到所有的污染物从源头被去除，并且监测所抽取的水中不再含有任何可能被认为是污染物的物质后才能正常运作。

原子能科学研究院提议在这两个存储地都使用这样的处理系统，并可以根据各地不同的特点作少许的变动。在南部存储地，水流首先被抽入到一座9m高的空气吹脱塔顶部，然后从顶部向下直泄通过由多重挡板组成的系统，使水中易挥发的溶剂蒸发到空气中，最后把处理后的水重新注入到含水层。由于西部存储地的化学溶剂浓度较高，并且还存在另外一些诸如杀虫剂或其他的液体化学废物，因此原子能科学研究院考虑在吹脱塔后面再设置两台活性炭过滤装置以去除剩余污染物。但不管怎么样，通过这样的过滤系统两地被重新注入含水层的水质都“优于所制定的饮用水标准”。[17]实际上，这种处理方式主要的作用在于牵制污染水的扩散，而对于净化含水层却毫无作用。[18]若将所有的辅助管道项目管组、泵房以及该厂运作设施全部计算在内，南部存储地需要100m^2 的基本场地，西部存储地需要120m^2。[19]

这些设备体积不大，但数量很可观。毫无疑问，这样的开发项目是需要接受规划审批，并在得到废物管理执照后才能运作。这两项许可的认证过程最终都将由郡议会作为废物规范当局来行使，因为这些开发项目所涉及的废物规划事务都属于“郡事务”。这些规范要求首次让郡议会有机会处理该问题，而在以前这样的工作通常是由行政区政府来实施的。这次怀特霍斯山谷行政区规划部门很早就已了解了该案例全部细节，主要有以下两方面原因：第一，有关试行牵制污染物扩散方法的申请提案在规划法规还未作修改前就已被提交到怀特霍斯山谷行政区规划部门。第二也是比较关键的原因，那时该区土地规划官员正与原子能科学研究院规划处就在南部存储地临近住宅群分配地的问题进行协商。

当再次发现南部存储地还曾经被用于储存放射性物质，并处理那些在核工业中作为金属外层覆盖涂料且有致癌性的物质——铍后，协商就渐渐就开始集中于含水层污染的问题。南部存储地所产生的污染物浓度和数量都是怀特霍斯山谷行政区规划官员始料未及的。因为毕竟这是他们在临近土地住宅区开发中最大的一个独立住宅区开发项目。在与原子能科学研究院进行了长时间以及详细的协商后，怀特霍斯山谷行政区官员忽然意识到原子能科学研究院在整个协商过程中对铍的问题一直避而不谈。现在他们要面对的是在不知道这个临近土地住宅开发区到底含有多少铍、化学废物甚至是否仍残留放射性物质的情况下，考虑是否签发这个住宅开发规划许可。

另外怀特霍斯山谷行政区的规划官员没有理由不担心在南部存储地建造这样的牵制地下水流动的设施可能会加剧铍的扩散，并给这个住宅开发新项目带来新的负面影响。怀特霍斯山谷环境健康部也有这样的顾虑，不过他们考虑更多的是塞弗恩路上的现住居民以及附近居民、奇尔顿小学的学生和教职工，当然还有那些直接从这些受污染的含水层中抽取水作为饮用水的居民的安全。

南部存储地被外围巨大的泥土堤坝完全遮蔽着。经过很多年的变迁，堤坝上长满了树木、灌木丛以及后来所筑的灌木篱墙。除了存储地外周边所设置的安全栅栏上写着警示的标语外，该地再也找不到任何可以告诉路人或当地居民该地已用作废物处置地的提示标识。当时皇家空军所建造用于储存炮弹的砖混房已被拆除，而遗留下的是连接砖混房的一些道路网。作为处置废物所用的大坑连接着长满各种植被的堤坝。提案中的牵制水流污染物厂坐落于存储地的中心位置，而从存储地安全栅栏外只能看见该厂9m高的吹脱塔。

该提案的复杂性及涉及范围显而易见，但也有一些未被发现的问题，所有参与解决的团体：怀特霍斯山谷行政区政府、郡议会、国家河流署以及原子能科学研究院都认为提案中的这些隐藏的问题还应该作进一步调查。原子能科学研究院撤回了当时所提交的关于建造地下水牵制厂的规划申请，这样他们可以在原有的基础上为新出现的问题提供更全面的信息。接下去递交的两份新规划申请将由郡议会全权处理，而怀特霍斯山谷行政区政府的顾问权将受到限制。

环境影响评价的需求

规划申请是为了让一个相对独特的厂来解决一个相对独特的问题。而这个所涉及到的过程并不是为了满足皇家污染检查所或当地规划局按1990年《环境保护法案》的条款所提出的单独认证的要求而特别"指定"的。该污水牵制厂、它的各种处理设备以及处理过程不是单纯的处理、处置或者产生污染物，因此不能简单地划入1988年城镇与乡村规划规范的运用范畴内。郡议会认为该厂的规划申请必须通过整套环境影响评价体系的检测，对于这点原子能科学研究院没有提出异议并同意实施环境影响评价。随后他们在这两份规划申请都另附了环境影响报告。

在函件15/88附录B中的第20段有这样的说明，开发商应自愿接受环境评价，环境影响报告是根据规范要求被撰写的，因此可以认为申请报告适用于《规范》。在原子能科学研究院最初递交的环境影响报告中就已申明他们的报告是按照《法规》中列表3的内容所撰写的，因此郡议会应像对待那些适用于《规范》的项目那样来对待此项目。[20]这意味着这些申请受1988年《规范》的约束，申请者必须按照规范中的所有要求不折不扣的去完成，当然还包括磋商程序。这对于案例本身的研究以及体现出环境影响评价在案例中所起的作用都非常关键。如果没有要求递交环境影响报告的规定，顾问们就无法得到足够的信息以对案例做全面的评价。尽管原子能科学研究院所撰写的环境影响报告符合理想环境影响报告的模式并且也包含了非常详细的信息，但依然受到了强烈的指责，理由是因为信息不够完整。可是现在问题在于，如果根据《规范》中条款的要求实际上这两个项目都不需要实施正式的环境影响评价。因为即使是在评价过程中发现在临近小学的地方有大量化学药剂气体排入大气并且存在潜在的危害性，或者甚至排放更具危害性的污染物，但若根据英国《规范》中的条款要求这些污染都还不至于被认为是有潜在能"产生重大环境影响"的。

规划过程

这两份规划申请及随同的环境影响报告分别被递交给了牛津郡议会以及作为处理规划与环境健康事务的法律顾问身份参与的怀特霍斯山谷行政区政府。怀特霍斯山谷行政区政府有28天的时间用以考虑申请和对环境影响报告作出反应。当然，怀特霍斯山谷行政区政府在很早就已了解了这些问题，也比郡议会知道所提议的解决方案要早得多。除了行政区政府外，参与的其他法律顾问团体如下：

- 国家河流署；
- 泰晤士河管所；
- 奇尔顿、东亨德里德、西亨德里德农村教区行政团体；
- 郡级项目院（高速公路）；
- 郡级项目院（废物处置）；
- 健康安全执行署；
- 核装置巡检署；
- 皇家污染检查所；
- 乡村委员会；
- 英国自然保护署。

环境影响报告涵盖了所有该项目可能造成的不良影响，并扩充了两个存储地所处理的其他废物物质。西部存储地的各废物处置场情况都被很好地记录在案，而南部存储地内没有记录的区域则可挖掘一些试验沟道以保证所要建造防止污染水扩散的厂不在废物处置场的附近。环境影响报告中关于在南部存储地建造该厂可能导致其他污染物“扩散”问题的论述只有一页多。报告认为由于诸如铍这样的物质在过去的20至40年间都没有发生迁移而且它的溶解度也极低，因此“铍不可能有显著的迁移”。[21]环境影响报告对残余放射核造成影响可能性的论述也非常简单。报告中指出，水中及土壤中的放射核量仅仅相当或接近于背景值。[22]此外，其他污染物的存在性以及产生影响的可能性也不是惟一必须考虑的问题。

怀特霍斯山谷行政区环境健康部最初就已开始考虑到利用吹脱塔这个有效性还未经证实的技术，根据蒙特利尔协定中的一些条款，它在处理废水时产生的气体溶剂以及在处理厂运作期间吹脱塔所释放的某些化合物可能是禁止排放的。[23]另外环境健康部的官员还指出，这样的做法实际上是将污染物从一个环境媒介中转入另一个环境媒介，这违反了1990年《环境保护法案》所推行的综合污染控制（IPC）原则。官员们认为尽管这个地下水牵制厂以及它运作过程并不属于《法案》提出的“指定过程”内，但它仍受制于环境规范，因此他们必须坚持他们的立场。另外怀特霍斯山谷行政区环境健康部官员们还指出由吹脱塔所排放的气体中，有某些气体会造成臭氧空洞从而导致全球气候变暖。[24]

原子能科学研究院是一个有良好声誉和国际影响的研究团体，他们的研究不仅仅局限于核能，而且在该领域的其他许多方面也颇有建树。当然，行政区政府的官员在该领域不可能非常精通，也无法与该领域的其他相关部门相比。因此他们希望能够得到其他一些具有相当声望的顾问团体的帮助和支持：最好是帮助他们向国家环境部巡检官员提出申诉以最终解决整件事。但是事实上，几乎没有顾问愿意在巡检官员面前提出他们反对原子能科学研究院的研究。最后，区政府终于找到了一个愿意担当该工作的团体：斯蒂夫尼奇（Stevenage）工业贸易部的沃伦·斯普林斯（Warren Springs）实验室。

若行政区政府聘用顾问参与处理则必定拖延问题解决的时间，这样也不可能在郡议会所规定的28天期限内完成。怀特霍斯山谷行政区规划部为保住他们的立场向郡议会提出了“坚持性的反对”意见。[25]1992年7月7日郡议会矿物工作组受理了有关建造西部存储地牵制地下水厂的规划申请。房产规划署署长建议工作组批准该厂的规划申请。在报告中他承认怀特霍斯山谷行政区政府的大部分顾虑是切实存在的，但同时他又提出了如下的结论：

> 在做了权衡之后，我认为该厂的规划申请是可以得到批准的。该开发项目提案中所涉及的环境问题是完全存在的，但通过改变一些条件可以保证该厂的运作不产生那些不良环境影响。[26]

然而，矿物工作组并没有接受这样的建议。他们推延了最后对该申请作出决议的时间，使怀特霍斯山谷行政区政府有机会为他们的反对意见寻找进一步的证据并将两地的申请同时进行考虑。西部存储地的申请在南部申请递交后的一段时间后也被递交，磋商过程也在不久后结束。有意思的是，郡议会规划部长总是倾向于只在环境影响报告、法律顾问以及其他相关方所提供的信息上来考虑是否批准规划申请。与怀特霍斯山谷行政区政府的不同在于他认为聘请其他领域的顾问来审核或评估环境影响报告是没有必要的。在磋商过程中，国家河流署、泰晤士河管所、健康安全执行署和皇家污染检查所对提案都没有提出反对。[27]不久，郡议会收到了国家河流署对申请报告作出的评价，如下：

> 如今，大家的注意力都集中于考虑国家河流署对于保持或提高地下水质量的职责后申请是否必要的问题上。该提案也是应国家河流署的要求而提出的，这也迈出了不以建造昂贵净化系统来防止地下水进一步恶化措施的第一步。在1990年初这个问题就已被提出，但后来却再三拖延。如果污染再进一步扩散，那么使用净化工艺来解决的可能性也就更小。在该区内有很多地方的地下水质量都达不到标准，以至于布卢伯里的公共饮用水供给也受到了影响。[28]

这份评论不过是对申请报告所作的立场报告，意在指责执行Witch项目提案时造成的种种延误。很明显，这是国家河流署向郡议会所施加的压力，要求他们不要再作任何拖延尽快批准申请。

规划考虑

山谷规划与环境健康部的官员们也认识到了解决Witch项目问题的重要性，并乐意参与到反对原子能科学研究院、国家河流署及郡议会的行列中。

他们这样做除了上述的一些理由外，还牵涉到环境影响报告中的内容。环境影响报告的结论是这样写的：

> 总的来说，建造地下水牵制厂所带来的环境影响是积极的。在它阻止这种严重的污染局势进一步的恶化的同时，自身所产生的环境影响是非常小的。该厂的设计参照了“最佳可利用且不过度消耗技术”（BATNEEC）的标准，因此该厂的建造是解决现存地下水污染问题最富技术性且最经济的有效方法。[29]

在环境影响报告中有一些非常有趣的问题。首先，报告说建造该厂是解决现存地下水污染问题最富技术性且最经济的有效方法。而正如前面所提到，原子能科学研究院也承认该厂的建造并不能解决地下水污染的问题而充其量只是使地下水的污染状况不再恶化。此外，使用空气吹脱技术只是使化学溶剂从水中脱离并释放到空气中，为污染物创造了另一个存在方式，而不是真正防止它们的产生。

第二个关键的问题是利用“最佳可利用且不过度消耗技术”原则来作为评价该厂的基础。“最佳可利用且不过度消耗技术”原则是对隶属于 1990 年环境保护法案的指定过程进行认证的基础。它能对一些特定的环境法规实施控制测试，但并不具有任何规划功能。需要明确的是，这里讨论的案例发生于盖茨黑德（Gateshead）案例之前，也早于规划政策指引（PPG23）及其中关于规划与污染控制关系建议的发布时间。即使不考虑当时还没有明确规划指引的情况下，依赖于“最佳可利用且不过度消耗技术”作为量度规划好处的手段实际上也是一种误导。

规划评估的许多评估条件比环境影响法案对认证或申诉所提出的要求更严格。规划评估的目的在于检验考虑中的开发项目是否会对公众或个人造成不适。对这种不适的评估比仅仅按照排放标准来评估要困难的多。并且这样的不适在最初，证实提案并不适用于环境保护法案之前就可能已产生。环境影响报告中使用“最佳可利用且不过度消耗技术”原则来作为该提案可行的理由是不恰当的，另外它对于满足“最佳可利用且不过度消耗技术”的条件是这样一个开发项目惟一需要跨越的障碍的说法也是一种误导。使用“最佳可利用且不过度消耗技术”这样的术语只会使公众及其他顾问团体更加迷惑并产生误解，这对于环境影响评价中公众参与的过程没有任何帮助。

在该案例中还运用了另一种环境检验的方法。当地环境压力集团——布卢伯里环境研究院在向郡议会提出的意见中指出，应该把“最佳环境选择”（BPEO）作为应用于评估的标准。这样可以推断出，山谷政府的主要观点都是基于“最佳环境选择”是该提案惟一适用的方法而提出的。他们认为将污染物从环境的一种媒介向另一种媒介转移是一种错误，相信由于“污染者付出的污染费已很恰当”所以成本并不是检验该项目好坏的标准。[30]

这两种评估标准的差别看似细微，实际却是巨大的。在皇家调查委员会环境污染分部的第12份报告中这样定义了“最佳环境选择”：

> 它是在强调保护陆地、大气与水环境三位一体的系统咨询与决策过程中所得出的结论。在给定一系列目标后，“最佳环境选择”的实施过程才得以建立。无论是在项目的长期或短期开发过程中，它都能在一个可接受的成本范围内创造最大的利益并对环境产生最小的影响。[31]

“最佳环境选择”和“最佳可利用且不过度消耗技术”都是一种检测和评价的方法，但前者却更注重于对整个环境媒介的保护。在1990年环境保护法案的第7节（7）中的案例就是如何将“最佳环境选择”与“最佳可利用且不过度消耗技术”结合来评估一个有关将污染物从一个环境媒介排放到其他媒介的指定过程。当然，“最佳环境选择”在要求将环境作为一个独立而又相互关联的元素来进行检测的情况下也可清楚地表现出它的作用。[32]成本依然是“最佳环境选择”中所要考虑的因素之一。但它并不像在“最佳可利用且不过度消耗技术”中所认为的，成本是作为评判标准的重点。“最佳环境选择”所强调的是“无论是在短期或长期过程中，项目对环境要产生最小的影响”，而就本案例而言，就如山谷政府要求的在净化设备寿命期应禁止所有污染溶剂的排放以此保证“项目对环境要产生最小的影响”。

在原子能科学研究院为Witch项目所撰写的环境影响报告中确实给出了处理问题的备选方法，但他们却把这种选择仅仅局限于空气吹脱和活性炭吸附两种方法上。举个例子来说，在南部存储地的环境影响报告中提出，这两种净化方法可以产生同样的效果，但在考虑成本特别是操作成本的情况下，使用空气吹脱法就更显优势。[33]与此相对应的劣势是，空气吹脱法会产生新形态的污染物而污染大气。但是原子能科学研究院认为，西部存储区排放污染物浓度含量很低，由于活性炭过滤法不适用于低浓度污染物的处理，因此使用活性炭过滤装置无法保证出水质量。[34]由此可以看出这种评估方法并不属于“最佳环境选择”法，因为它将成本的地位置于决策过程所要强调的原则，即“对土地、大气及水环境三位一体的保护”之前了。

申诉

怀特霍斯山谷行政区官员将两存储地的环境影响报告交由沃伦·斯普林斯进行评审，并请求他们特别就排入大气的化学溶剂规范提出意见。官员们认为尽管原子能科学研究院已弄清了他们所排放的污染物是什么，但却不清楚这些污染物的排放量是否超标，若超标了它们是否会产生气味或一些健康问题危及附近的学生及居民。环境健康官员也对环境影响报告中评定气味及环境影响时所运用的污染物排放量模型的准确性提出了怀疑。一方面沃伦·斯普林斯在同意原子能科学研究院关于污染物排放浓度很低的说法的同时也赞同行政区政府首席环境健康官员提出的观点，即使处理过程不是“指定”的，IPC原则依然可用。[35]由于这是一个非常特殊的项目，通常的污染控制要求也不适用，因此至今没有任何已制定的公开文件来说明污染物的排放浓度应控制在什么程度才可接受。政府曾试图寻求这样一个标准，但最后仍以失败告终。因为即使是皇家污染检查所也不能甚至不愿意为这样的特殊项目来制定标准。因此，怀特霍斯山谷行政区官员最后决定以“预防为原则”这个国家环境政策原则来作为他们行动方针的做法也就不足为奇了。

1992年9月28日，在Witch项目提案提出不久，山谷规划与开发委员会就同时收到了开发活动主管及首席环境健康官员的详尽报告。报告的附录2是来自郡副首席规划官的一封信，在信中他要求山谷规划与开发委员会在10月16日前提交对项目提案的意见，这样才能在11月4日讨论这两份规划申请前把意见纳入郡环境委员会的报告中以待使用。[36]山谷规划与开发委员会在9月28日所召开的会议是他们听候沃伦·斯普林斯回应前最后的一次讨论该项目提案的机会。郡规划官员要求山谷规划与开发委员会就以下几点要点作出回应：

(i) 如果你对申请者递交的环境影响报告中的信息提出过怀疑或建议采取其他的标准，请给出你提出怀疑的理由以及你是基于什么条件而提出的标准；

(ii) 你们的委员会是否希望随同环境健康官员共同负责监测向大气排放的污染物；

(iii) 如果因为你们的环境健康官员或顾问对项目提案所提出的技术因素而使委员会拒绝签发规划许可，那么你们的委员会必须保证在任何公众质询中都需对这些理由作出解释。[37]

山谷规划官员手中的这份报告使他们意识到，官员们所提供的信息详尽度与郡级要求相去甚远。在他们与原子能科学研究院的代表于9月8日进行会晤后，要求原子能科学研究院另外再提供更详尽的信息。其中包括有关在吹脱塔中添加合适的过滤装置以防止气态污染物向大气排放的详细成本——利益分析；对建造该厂对紧邻地区水文影响的详细评估；对两地气体污染物排放累积效应的评估。在规划会议即将召开前夕，这些信息仍需作进一步的研究与分析。由于得不到这些必要的信息、指导和建议，并且还存在着非常多的不确定因素，最终山谷官员赞同采取“预防原则”的策略，并提出这样的看法：

南部存储地地处奇尔顿小学附近，并非常接近于现存的居民住宅区及正在规划中的275座新建住宅。由于这些客观因素的存在以及在首席环境健康官员的报告中提到的涉及该厂运作过程中所可能造成的不确定因素，我们必须谨慎的来对待这些问题。做法之一就是建立危害保护机制以保证在污染物超标时阻止其排放。正如首席环境健康官员在报告中所描述的，该厂应该是一个完全可包容系统。环境健康官员认为能保证工厂运作期间不出现问题的最安全也最可行的方法是在这些气态污染物排入大气前先进行过滤净化。如果在后续工厂运作过程中发现污染物超标后再添加过滤器的是否可行还是值得怀疑的。在9月18日的会议中，哈韦尔的代表指出在后续阶段再在吹脱塔中添加过滤器在项目上是不切实际的做法。因此在建造吹脱塔初期就加入过滤器的要求是合乎情理的。[38]

他们建议山谷规划局应将他们所提出的“只有满足两地工厂都加入过滤器以防止污染物向大气排放的要求才可签发规划许可”的观点告知郡议会。另外山谷官员们还建议郡议会应拒绝建立前期达成协议的污染物排放限值标准以及在发现排放物超标后再添加过滤装置的意见。委员会对官员们的这些想法作出了回应，并接受了山谷官员就开发活动主管与委员会主席磋商期间，可在听取和分析了“进一步的信息”以及他们的顾问——沃伦·斯普林斯（Warren Springs）的观点后代表当局修改委员会评议的建议。[39]

在沃伦·斯普林斯的回应中有很大一部分是支持环境健康官员提出的论点的，此外环境影响报告中的一些缺陷也突显出来，比如没有考虑增效作用或两地污染物的相互作用等问题。基于这些考虑，沃伦·斯普林斯提出如下意见：

气态污染物的排放可以是：

a）不允许；或者

b）对排放量严格进行控制，使静态浓度不超标。[40]

1992年10月9日，行政区政府以书面报告的形式告知了郡议会他们对提案所持的观点。第一点他们要求西部存储地污水牵制厂必须是个完全的水处理封闭体系，无任何其他污染物排入大气。第二点，南部存储地的空气吹脱塔中要加入活性碳过滤装置以减少排入大气的污染物量。

另外郡议会还收到了其他一些受影响的团体或个人——农村教区行政团体、两个当地居民、当地英国乡村保护委员会分支机构、布卢伯里环境研究组、一名布卢伯里环境官员竞选者、国家河流署、泰晤士河管所、乡村委员会、英国自然保护署、皇家污染检查所以及健康安全执行署的申诉。在那些负责环境保护的国家机构中只有国家河流署对此问题提出过较详细的评论，而这些评论如前所述，与他们实际的职责相去甚远并且也只是对执行的延误作出抱怨而已。英国自然保护署仅仅要求屏蔽该厂内生长的植物与外界的联系，而乡村委员会及健康安全执行署对建造污水牵制厂的方案没有提出任何反对意见。皇家污染检查所对提案也不反对，甚至不发表任何评论，因为他们认为该厂的处理过程不属于《环境保护法案》条款的“指定”过程，所以他们没有责任来参与这些问题。在1991年10月皇家污染检查所已将这个原因告知了原子能科学研究院，不过他们还补充了一点：若该处理过程处于《法案》条款的管辖范围内，他们也不会允许将污染物从一种环境媒介向另一种环境媒介转移的做法。[41]

正是基于该项目的特殊性、一些原则性的问题以及行政区政府提出的并得到沃伦·斯普林斯认同的考虑因素使得那些主要负责环境保护工作的团体无法深入参与到磋商过程。也许这点很遗憾，因为磋商过程本就是为这些团体可以就各自的专长对案例提出意见而专门设立的。不过山谷政府在对空气吹脱塔出现的问题提出异议并要求添加过滤装置时也不是孤立的：东汉德瑞、西汉德瑞农村教区行政团体与布卢伯里环境研究组都认为添加过滤装置是一种更好的选择。所有这些以及其他的申诉报告都于1992年11月4日交递于牛津郡议会环境委员会。

决定

在提案考虑期间，郡规划官员就受到了要求他们接受申请的压力，其中国家河流署最关心的是提案的延误。原子能科学研究院认为若他们完全按行政区政府的要求实施必将带来更多的时间延误及更多的成本耗费，因此在申请还未得到批准前他们就已迫不及待的买下了厂区土地并急切地想要动工。此外，原子能科学研究院还声称他们已制定了一套“最严格的可行标准”。[42]

在这种情况下，房产规划署署长所提出了比9月7日所提出的更审慎的观点：

> 经权衡，我认为规划申请应该得到通过。该开发项目提案中所涉及的环境问题是完全存在的。我们应通过各种措施来达到作为环境健康局的行政区政府所提出的要求，直到能够保证所有的操作对环境不产生任何不利的副作用。[43]

郡议会建议若“在工厂的规划中加入得到房产规划署许可、能把废弃溶剂从水及水蒸气中去除的过滤装置”，那么这两份申请均可得到批准。[44]郡议会环境委员会的部分成员对这样的建议并不满意，他们希望行政区政府就排放限制的意见作进一步的澄清。要消除他们的顾虑，郡议会有必要求援于外界的顾问来核查排放标准。

最终郡议会于1993年的1月7日签发了申请的规划许可。但许可的条件是必须先把有关可从地下水中过滤所有废弃溶剂的过滤系统的详细特性描述报告递交当地规划局并可符合他们的要求，然后在该厂安装过滤系统。[45]该条件实际上要求西部存储地污水牵制厂成为完全的水处理封闭体系，无任何其他污染物排入大气；南部存储地有一定的废气排放限量，超过限制必须在空气吹脱塔中加入活性碳过滤装置以减少排入大气的污染物量。

Witch项目在规划许可签发几个月后就完全进入运行阶段，对该过滤系统的监测还将持续进行。

Witch项目与环境影响评价：一些思考

在案例的研究中总是存在着容易思考过多的危险。本书中所研究的案例无疑都是非常独特的，并且每个案例中隐含着重要意义的问题都会在规划与磋商过程中凸现出来。Witch项目是一项非常有意思的项目。因为根据规范要求它并不属于需要实施环境影响评价的项目，而且最终所有的争辩都是围绕着它所使用的环境原则而不是环境影响报告中所列出的各种细节问题而进行的。也正是在最初，该项目就已开始冒着将产生“重大环境影响”的风险了。

尽管在该案例中环境影响报告并不是决定提案是否通过的主要因素，依然可以从中得出一些重要的结论。首先，在所有参与的法律顾问中，只有怀特霍斯山谷行政区政府全力争取采纳预防原则以及排污者付费原则作为解决问题的方法，这两个原则都属于政府行使政策中的基本原则。而环境白皮书《共同的遗产》、第5版欧盟环境行动计划[46]、以及本该尽责的主要环境机构——国家河流署和皇家污染检查所都没有在这个案例中发挥作用。

皇家污染检查所及国家河流署都只注重严格定义的法律要求。由于Witch项目不是“指定”项目，皇家污染检查所明显对那些造成臭氧空洞并有致癌性的污染物将直接排入邻近小学的大气中表现得漠不关心。另一方面，国家河流署也只是关注于因为排放问题争论所带来的时间拖延。若皇家污染检查所能在磋商过程中作出全面而有建设性的答复，山谷官员也能消除疑虑或得到他们所寻求的排放标准，从而很快对提案作出的评论。这也就避免了国家河流署最不希望看到的时间拖延状况。

该案例还有一些其他的重要特点，比如在磋商中所表现出的行政区政府与郡议会之间的关系。与其他法律顾问不同的是，山谷政府官员在向郡议会提交对提案的评论前必须民主地征求每个成员的意见。因此评论中所涉及的争议及信息在公众质疑时是公开的，从某种程度上来说它们也受到委员轮换制度的控制。尽管郡议会制定了一定的时限用于评论过程的进行，但真正领导磋商的还是山谷政府的官员。值得注意的是，在这个案例中作为规划局的郡议会完全可以拒绝接受山谷行政区官员提出的建议，并对原子能科学研究院最初递交的申请签发规划许可。但由于郡议会中的一些人也是怀特霍斯山谷行政区规划委员会的成员，正是这些成员所发挥的作用才避免了上述的情况的发生。

最后要说的这点是本书的中心主题之一，即“环境信息”必须由具有“竞争性的部门”进行考虑，这样才能帮助消除那些可能忽视“环境信息”的考虑。下一个案例将重新回到这个问题上。另外本章的第二个案例将就环境影响评价中磋商过程所出现的问题及它与规划过程的关系进行讨论。

拉纳斯蒂姆杜伊（Llanystumdwy）屠宰场

背景

1993 年 11 月杜伊福（Dwyfor）行政区政府为一座包括屠宰场在内“食品加工工商区”签发了规划许可纲要。建造该区的地点位于拉纳斯蒂姆杜伊西 1.5km、克里基尼斯（Criccieth）东 5km 与普尔赫利（Pwllheli）西间 A497 高速公路处。这个绿色平原并不在斯诺登尼亚（Snowdonia）国家公园或特殊自然风景区所属范围内。但是，它却位于 Dwyfach 河外周 100m 与英国最著名的养殖海鳟的杜伊福河汇合的区域内。[47]

政府在对行政区内适合于建造食品加工的地点进行调查后购买了该地。他们认为这样可以促进“工业可持续发展”，它邻近于主要公路网“可与当地农业及其他乡村企业很好的相融合”。[48]在整个“食品加工工商区”的中心是一座屠宰场，它将为当地饲养的牛羊猪提供屠宰设施及场所，也可为农民提供一个将牲畜向其他地方输送的选择。该食品加工工商区内的肉类加工厂所雇佣的 200 名员工中有 75 名员工（37.5%）可在屠宰场工作。[49]

环境影响评价的需求

屠宰场是属于表 2 中第 7 类可能产生“重大环境影响”需要实施环境影响评价的项目。[50]不过在该食品加工区的雏形规划阶段却没有实施环境影响评价。尽管有如下问题，行政区政府还是认为在该阶段对项目实施环境影响评价不必要。

- 整体而言，该食品加工区的申请违背开发规划政策，开发申请需递交驻威尔士国务秘书审核；

- 屠宰场的建设不仅是整个提案的主要部分，同时还是整个食品加工区的中心；
- 该地现在无任何废水处理系统，该开发项目很可能对附近敏感的河流区域造成重大的环境影响，同时也可能对属于北威尔士风景区的一部分地区产生重大的景观影响。

15/88 函件中第 35 段有这样的陈述：若环境评价的各种技术在项目规划早期就运用于此，那么它们能给开发商和决策者都带来很大的益处。[51]在这个案例中，开发商和决策者是同一个团体，而且该项目属于表 2 中可以任意选择是否需要实施环境影响评价的项目，因此行政区政府没有让项目实施环境影响评价的做法并不违背法律或规范。然而，规划委员会在考虑该“食品加工工商区及其屠宰场”的申请纲要时，还是认为有必要对其实施环境影响评价。[52]这很可能是因为他们认为该项目可能产生重大的环境影响。不过他们却没有听从内阁提出的在项目开发早期阶段对需要接受评价的地方实施环境影响评价以及尽早举行磋商会议的建议。在国家环境部与威尔士局联合发行的《环境评价：评价过程指引》（1989 年）中明确说明了环境影响评价应该实施的时机。第 21 段中是这样说明的：

> 最理想的实施环境影响评价时机是在选择开发场地及相关开发过程时，因为这样可以充分考虑各种可行方法的环境优势。

承接上述说明的还有第 33 段：

> 当申请处于初期阶段时，规划局需要收集有关项目可能产生影响的详细信息，这样才能帮助他们判断该项目是否开始或终止。[53]

在行政区政府虽未对该项目实施环境影响评价但已签发规划许可纲要时，他们已确定了项目所在地的特性。尽管他们意识到了该项目有必要实施环境影响评价，但却忽视了实施评价的最佳时机——项目的开发初期。这给后来的磋商过程带来了隐患，使得那些略微严密的公告及有关环境影响评价项目的公开计划均在通过规划许可纲要并建立开发原则后才得以完成。

这样说并不意味着行政区政府没有就规划申请纲要进行周密的考虑。他们已经遵循了 1988 年普通开发规则的要求在开发地张贴公告并通过报纸来公开这些公告。随后，他们还给当地一些居民发信，告诉他们有关该项目的提案。不过这种做法中还存在着一些行政上的错误，信中的内容使居民不能认识到他们可能受到的重大影响，正如后来当地调查舞弊情况的政府官员的观点：尽管最终没有导致任何非道义影响出现，但该错误仍属于“技术性”舞弊。[54]

法律顾问们对该提案普遍支持，当地居民的回应中也只有两封信表明了反对的态度。规划委员会将该申请提交“完全顾问班子”进行审核，由于他们中没有人对申请提出强烈反对，因此在把该申请作为违背开发规划的案例递交驻威尔士国务秘书审核后重新交由规划委员会处理。国务秘书没有驳回申请，最终该提案于1993年11月8日得以通过。[55]

其他申请

在杜伊福行政区政府签发食品加工工商区规划许可纲要的同一天，他们还要处理一些滞留下的有关道路及开发现场其他基础设施的申请问题。该申请从属于普通规划磋商程序并于1993年12月16日通过规划许可，承包商于1994年1月10日在该地正式开土动工。[56]此后的6个月，屠宰场的详细申请报告及其环境影响报告才被提交相关部门。再次，尽管对屠宰场实施的环境影响评价工作还未开始，各方均已开始担心项目可能产生的环境影响。这点从1994年2月6日的《每日邮政》报告中就可明显地看出，其中还引用了政府首席执行官的这样一段话：

> 公众必须接受该开发地已得到规划许可这样的事实，我们也确实是在通过非常负责、公正且广泛的磋商后才作出这样的决定的。
>
> 威尔士有机会对我们的决定提出异议，但是他们没有。
>
> 现在规划许可已签发，土地已被买下，土地开发协议也已签署，可以考虑的因素政府都已考虑到了，该项目的开发步伐也只能向前走了。[57]

行政区政府要求公众接受这个政府已同意对其实施环境影响评价但还未实施的开发项目。很显然该项目的磋商过程并没有消除公众的顾虑，也没有为公众提供一个评议提案合理性的机会，而这些本该是设计磋商过程的初衷。实际上许多人都声称若不是1994年1月至2月期间清理开发现场及建设道路工作的开始，他们根本不知道该项目也不知道该项目在近期已得到规划许可了。[58]随后召开的公众会议对该项目表示质疑，还为此成立了一个抗议组织——拉纳斯蒂姆杜伊屠宰场行动组织。在1994年4月的一期时事通讯中报道有372名当地居民（拉纳斯蒂姆杜伊地区的选民中63%的人）反对该提案。[59]

屠宰场及其环境影响报告

屠宰场及其污水处理设施的申请报告随同由行政区政府指定顾问撰写的环境影响报告于1994年6月3日正式递交。磋商过程也根据规范的要求正式展开，其中包括在现场张贴公告，在当地报纸上刊登公告以及向当地居民发送相关开发提案的信件。

该屠宰场的基地面积为1800m^2，若包括停车场、污水处理设施及其他车间在内整个场地的面积为18000m^2。屠宰场建筑屋檐高6m，顶部高10m。从A497高速公路及邻近田野上均可看见该建筑。[60]环境影响报告的内容覆盖了整个屠宰场的建设和运行中所可能产生的影响，并且也对新建的污水处理车间作出了描述。以下是环境影响报告中所概括出的主要结论：

> 屠宰场所产生的最重大的环境影响应该是它对当地景观所造成的视觉影响。其次，在工厂的运作过程中产生的副产物、废物可能影响当地的大气及水的质量，还可能产生噪声影响。第三点主要的影响是对杜伊福区的社会—经济形态的影响。因为到1997年4月它可为当地提供75个全日制就业机会，另外还有40到50个相关行业的就业机会。[61]

有些影响在通过实施必要的设计和景观美化措施后可以得到有效的消除：

> 必须时时以严密的态度关注于工厂运作中的每一个过程，特别是那些涉及噪声、污染物排放及废水处理的过程。这样才能保证屠宰场不对该区域内或邻近的大气、土地及河道造成不可接受的污染。[62]

对屠宰场申请报告的考虑开始于在裁决了涉及有关规划与污染控制的盖茨黑德案例[63]后。尽管《规划政策导论》第23章：《规划与污染控制》及威尔士政府都未提供相关建议，但盖茨黑德案例的裁决结果还是清楚的说明了规划的管辖范围不应涉及那些应有其他政府机构负责管理的事务。实际上控制污染物排放的职责应由污染控制机构来实行，而不应在规划的考虑范围内。这个特殊的政策对于这两种管理机制而言都具有非常重要的意义，同样它对于这两种机制的运作也很重要。而这一点是大部分人不能完全理解或接受的。即使规划局放弃对开发项目某些方面的管理权，也不会影响到公众对它在决策过程中所起作用的看法。不过若项目的开发过程仍由负责审核该申请的同一政府掌控，那么这两种管理机制的差别似乎就与我们已经讨论的毫不相干了。

磋商与顾问

经过处理的废水将从设想的屠宰场流出排入Dwyfach河。这些废水的排放受国家河流署管理和控制，并且在排放前需预先获得认证。环境影响报告的4.56有这样的陈述：

> 排入Dwyfach河的污染物会造成非常严重的不良影响。废水中的有机物

会使河水严重缺氧，而无机化学物会导致 Dwyfach 河中的动植物中毒……结果是对该河造成严重的生物性破坏。[64]

另外环境影响报告还提出了这样的观点：

若该屠宰场严格按照国家河流署提出的要求执行废水处理，那么就可以大大避免可能造成的生态恶化影响。[65]

当地渔民也考虑到这种危害给他们带来利益上的损失，他们向国家河流署提出异议，希望国家河流署在签发排放污水许可前对污染状况进行调查。[66]至1994年10月，国家河流署准备签发废水排放许可的举措已引起了越来越多的反对。10月召开了公众会议以讨论该项目提案的问题，在会议宣传单上说到了关于许可废水排放的内容：

自本周10月3日起，有将近300名反对废水排放提案的民众等待着查看详细的许可报告。国家河流署在处理该申请的过程中主要有以下的问题：没有对 Dwyfach 河采取直接的防泛滥措施，没有对屠宰场所排放的属常年监测污染物量作限制，没有在河流涨潮期间水位仍低于某一特定水位线时禁止废水的排放。因为即使是在夏天 Dwyfach 河也很少出现涨潮，但此时正是屠宰场运作最繁忙时期。[67]

现在国家河流署已和行政区政府一样，成为了当地反对者矛头指向的中心。在该案例中反对者所面临的难题是国家河流署的认证过程是一个技术性的评价过程，而没有规划者所执行的评价过程那么具有政治性，因此说服国家河流署来放弃他们原先所作的决定非常困难。本案例中的磋商过程和其他众多类似案例一样，就像一场政治性的对抗，反对者们利用一切方法来反驳政府的规划。就这样磋商变成了对抗，国家河流署也最终被反对者们当作一个惟一可制止该项目开发的官方组织，而不仅仅是一个只对公众的疑问作出解答的角色。

环境影响报告也成为了这场对抗中的焦点，对抗双方都把它作为加强自己论点的工具。开发商及行政区政府利用环境影响报告中的一些结论来证明他们所作的决策是正确的。而反对者们抓住环境影响报告的不足来强化他们的理由。他们在对环境影响报告的内容重新进行审核后，对报告中的各个方面：从地理位置的选择到排放废水的处理都提出了详细的批评意见。其中不少批评意见是显而易见的。举个例子，他们就废水处理的问题列举出了不少事实，比如环境顾问没有把一些详细的数据如每天屠宰的畜体量及产生的固体、液体废物量等公布于众。他们抱怨环境影响报告中充斥着许多模糊的假设，而这些假设就以往对其他屠宰场运行的经验来看是不现实的。[68]行动小组更详细的批评意见如下：

至于创造工作机会的论点主要依赖于屠宰场的商业生存力。现在没有证据证明它有这样的商业生存力，而许多证据却恰恰证明了它没有这么大的商业生存力，因此对于屠宰场的建设可以创造工作机会的说法简直就是空谈。位于拉尼德洛斯（Llanidloes）的屠宰场每天所屠宰的畜体数量要远远高于该项目的预期，但也仅仅只有40名的员工在那里工作。而你们提出的75这个数字简直是不可思议的高！

为什么不对附近5个居民区采取基本噪声防护措施？为什么这些措施不能按照相应的英国标准执行？

环境影响报告中有这样一段话"偶尔也可在晚上把牲口置于一些临近的田地上"，那么这里所指的田地具体是哪里？在该地似乎没有可供停放牲口的地方，除非食品堆放地向东继续扩充或者西区的土地不作他用。如果采取后者，那么该怎么把这些牲口运送到大型围栏中，或者我们应该选择什么路线来运送？[69]

有关建设屠宰场及污水处理系统的方案必须在能完全说明它已具备合适且非常彻底的缓解污染措施后才可重新向规划委员会提出申请。随后公众需要给与一定的时间来对已经过修改的方案及彻底经过返工、希望不再存在空洞内容及经过处理的图片以掩盖某些事实的环境报告进行申诉。[70]

行动小组针对环境影响报告中的内容及结论向行政区政府总共提出了相关的40条具体问题。不幸的是，行政区政府在对这些问题做出回答前就已作出了正式的规划决定。[71]政府甚至还收到了200封来自反对者的信件，信中重申了行动小组所考虑的有关开发位置、视觉影响、河流污染、噪声及屠宰场需求与生产力过剩等主要问题。但行政区政府还是于1994年10月5日签发了规划许可。

拉纳斯蒂姆杜伊屠宰场与环境影响评价：一些思考

反对者们至始至终都未屈从于把屠宰场建造在拉纳斯蒂姆杜伊的要求。环境影响报告分析了把该屠宰场建造于此的情形，并且在对位置要求进行分析后认为该地是废水处理"合适的场地"。[72]但行动小组觉得行政区的其他县村工业区中必有更合适于建造屠宰场及其废水处理系统的场地，而政府却从未对那些地方进行过考察。环境影响报告中虽也谈到了一些其他场地的选择，但却只是一笔带过。而如今主要的考虑因素似乎都集中于废水处理系统上，行政区政府选择这里作为开发地也是因为听取了国家河流署提出的关于Dwyfach和杜伊福河是合适的废水排放地的建议。而受行动小组推崇的工业区被当场否决是因为行政区政府认为普尔黑利（Pwllheli）及波斯马多格（Porthmadog）工业区的污水处理系统已达到了它能承受的最大限度并且"这里太城市化难以满足屠宰场的建造标准”。[73]这就很难理解了，为什么现存的其他屠宰场可以建造在工业区内，偏偏就这个不行?

反对者们提出了一些有说服力的财政论点来反驳提案。由于食品加工商业区的建设资金的一部分由威尔士政府来承担，所以如果驻威尔士国务秘书能在第一时间利用他们的职权驳回提案的申请，那么当地居民的顾虑就可以得到很好的解决。

让环境影响报告的撰写者为难的是在他们还未被指派对拉纳斯蒂姆杜伊的项目开发实施环境影响评价前，行政区政府已决定把屠宰场建造在那里了。那个时候也没有任何证据证明行政区政府已对其他可作选择的地点进行过仔细考察，他们就否决了那些地点。这样使得针对开发现场所进行的环境影响评价或磋商范围大大减小。

在本案例中反对者们最担心的一个问题是行政区政府“为了他们自己的目的所作的一些裁决”。[74]他们面对这种状况感到无助，并且在政府还未对屠宰场的一些细节及环境影响报告中所出现的问题进行详细考虑前，政府首席执行官就已声称他们作好决策，这一举动使得反对者们这种无助情绪愈加剧烈了。随着允许规划过程按这种方式操作的体系的出现，政府的所作所为在法律意义上讲没有错误，这样这个为反对屠宰场开发提案而成立的行动小组瞬间受到了挫败。在行动小组对环境报告所作的质疑没有得到回答并且在对规划过程的信任度也明显削弱的情况下，反对者把对抗的焦点转移到废水排放许可过程及国家河流署上的做法就不足为奇了。由于驻威尔士国务秘书一直未决定是否驳回申请，因此在撰写此文时（1995 年 1 月）废水的排放认证仍悬而未决。尽管郡议会有自己签发的规划许可，但却还没有得到废水排放执照，屠宰场项目的开发计划不得不泡汤了。

结论

磋商活动一直以来都被当作环境影响评价互动过程中非常重要的一部分。而运用于处理这两个案例的方式却似乎违背了磋商过程的主旨。这两个案例都是在未经环境影响评价及召开磋商会议之前，政府做出具体决策的。诸如项目设计（Witch 项目）和开发地位置（拉纳斯蒂姆杜伊屠宰场）等问题也都是在顾问们真正参与环境影响评价进程前早就被决定了的。这样即使在磋商会议中提出了某些项目上的缺陷，开发商也不可能再对项目作大的改动。环境影响报告也因此不仅是作为讨论的资料，而且成为各方用以证明自己论点的工具。

在对这两个案例研究过程中突现出的另一个重要问题是法律顾问在环境影响评价过程中所起的作用。在众多读者阅读本章时，国家河流署与皇家污染检查所可能都已被纳入英国新环境机构的编制了。是否这个新的机构愿意突破他们严格的范围在环境影响评价过程中起一个积极的作用还有待今后考察，不过可以这样说，很大程度上这都取决于他们所担当的职责及可获得的人力物力资源。但根据1995年《环境法案》及随同出版的管理声明草案中所规定的环境机构有效参考期限而言，职责和资源都将是缺乏的。[75]

注释及参考文献

1 Jorissen, J and R Coenen (1992) The EEC Directive on EIA and its implementation in the EC member states, in Colombo, A G (ed) *Environmental Impact Assessment.* Dordrecht: Kluwer Academic, p 7.

2 *Reg. v Secretary of State for Social Services, ex parte Association of Metropolitan Authorities,* [1986] 1WLR 1.

3 Fuller, K (1994) EIA Directive to be revised, *Environmental Assessment,* Vol. 2, No. 2.

4 Melton, J (1994) The role of statutory consultation in environmental assessment, MSc Dissertation on Environmental Impact Assessment and Management. Oxford Brookes University.

5 DoE (1989) *Environmental Assessment: A Guide to the Procedures.* London: HMSO.

6 AEA devoted to Harwell clean-up, *AEA Times,* July 1992.

7 Fellingham L (1994) The investigation and remediation of groundwater contamination at Harwell Laboratory, England. Paper presented to Superfund '93 Conference, Washington, DC, USA, December.

8 *AEA Times, op. cit.*

9 Vale of White Horse District Council (1993) *Local Plan: Draft for Consultation.* Abingdon: Vale of White Horse District Council.

10 Report of the Chief Environmental Health Officer, in Report of the Director of Development and Leisure to the Planning and Development Committee 28 September 1992: Groundwater Containment Plant, Harwell Laboratory, Southern and Western Storage Sites, CHI/12724/1-CM and EHE/7645/5-CM. Report No. 220/92, Appendix 3. Abingdon: Vale of White Horse District Council, 1992.

11 Fellingham, L, *op. cit.*

12 Harwell to clean up pollution, *Oxford Mail,* 21 May 1992.

13 *Ibid.*

14 Report No. 220/92, Appendix 3, *op. cit.*

15 *Ibid.*

16 AEA Engineering (1992) Environmental Impact Statement: Groundwater Remediation Plant, Southern Storage Site, Harwell Laboratory. Harwell: AEA Technology, p 9.

17 Groundwater Contamination Plants, Southern and Western Storage Areas, Harwell Laboratory, Application Numbers CHI/1274/1 and EHE/7645/5. Report by the Director of Planning and Property Services for the Environmental Committee, Oxfordshire County Council, Oxford, 4 November 1992.

18 *Ibid.*

19 *Ibid.*

20 DoE (1988) Circular 15/88: *Town and Country Planning (Assessment of Environmental Effects) Regulations 1988.* London: HMSO; AEA Engineering, *op. cit.* p 4.
21 AEA Engineering, *op. cit.* p 38.
22 *Ibid.* p 45.
23 Report No. 220/92, Appendix 3, *op. cit.*
24 *Ibid.*
25 Report of the Director of Development and Leisure to the Planning and Development Committee 7 September 1992: Groundwater Containment Plant, Harwell Laboratory, Southern and Western Storage Sites, CHI/12724/1-CM. Report No. 156/92. Abingdon: Vale of White Horse District Council, 1992.
26 Groundwater Contamination Plants, Southern and Western Storage Areas, Harwell Laboratory, Application Numbers CHI/1274/1 and EHE/7645/5. Report by the Director of Planning and Property Services for the Mineral Working Party, Oxfordshire County Council, Oxford, 7 September 1992.
27 *Ibid.*
28 Environmental Committee, Oxfordshire County Council, 4 November 1992, *op. cit.*
29 AEA Engineering, *op. cit.* p 8.
30 Report No. 220/92, Appendix 3, *op. cit.*
31 The Royal Commission on Environmental Pollution (1988) *Twelfth Report: Best Practicable Environmental Option,* Cm. 310. London: HMSO.
32 Ball, S and S Bell (1994) *Environmental Law.* London: Blackstone Press, p 257.
33 AEA Engineering, *op. cit.* p 20.
34 *Ibid.*
35 Minute A.119 of Meeting of Planning and Development Committee, Vale of White Horse District Council, 28 September 1992.
36 Report No. 220/92, Appendix 2, *op. cit.*
37 *Ibid.*
38 Report No. 220/92, *op. cit.*
39 Minute A.119, *op. cit.*
40 Letter to Assistant Chief Environmental Health Officer, Vale of White Horse District Council, from Warren Springs Laboratory, 25 September 1992.
41 Letter to AEA Environment and Energy from Her Majesty's Inspectorate of Pollution, 9 October 1991.
42 Environmental Committee, Oxfordshire County Council, 4 November 1992, *op. cit.*
43 *Ibid.*
44 *Ibid.*
45 Planning Application Decision Letters CHI/12724/1 and EHE/7645/5, Oxfordshire County Council, Oxford, 7 January 1993.
46 DoE (1990) *This Common Inheritance.* London: HMSO; Ball, S and S Bell, *op. cit.* p 64.
47 Cynefin Environmental Consultants Ltd (1994) Environmental Statement: Proposed Abattoir Parc Amaeth/Bwyd Dwyfor, Dwyfor Agri/Food Park, Bont Fechan, Llanystumdwy, Gwynedd. Menai Bridge: Cynefin Environmental, p 1.
48 *Ibid.* p 2.
49 *Ibid.* p 7.
50 Town and Country Planning (Assessment of Environmental Effects) Regulations 1988.
51 DoE and Welsh Office (1988) Circular 15/88 (Welsh Office Circular No. 23/88): *Town and Country Planning (Assessment of Environmental Effects) Regulations.* London: HMSO.
52 Cynefin Environmental, *op. cit.* p 4.

53 DoE (1989) *op. cit.*
54 Letter to Ms C. Williams from The Commission for Local Administration in Wales, 14 October 1993.
55 *Ibid.*
56 Llanystumdwy Abattoir Action Group (1994a) Proposed food industrial estate and abattoir near Bont Fechan, Llanystumdwy, Gwynedd: fourth edition of a report by objectors, 20 May 1994. Llanystumdwy: Llanystumdwy Abattoir Action Group.
57 Williams, E (1994) Development poses risk to river life, say anglers, *Daily Post*, 16 February.
58 Williams, E (1994) 'We weren't asked' rap over food park project, *Daily Post*, 9 February.
59 Llanystumdwy Abattoir Action Group (1994b), Dwyfor's industrial estate and abattoir for Llanystumdwy. Llanystumdwy: Llanystumdwy Abattoir Action Group, 4 April.
60 Cynefin Environmental, *op. cit.* p 35.
61 *Ibid.* p ii.
62 *Ibid.*
63 *Gateshead MBC v Secretary of State for the Environment and Northumbrian Water Group Plc*, [1994] 67 P&CR 179.
64 Cynefin Environmental, *op. cit.* p 34.
65 *Ibid.* p 65.
66 Williams, E (16 February 1994), *op. cit.*
67 Llanystumdwy Abattoir Action Group (1994c) Proposed Llanystumdwy abattoir/meat factory and effluent plant: planning fact sheet. Llanystumdwy: Llanystumdwy Abattoir Action Group, 3 October.
68 Llanystumdwy Abattoir Action Group (1994d) Questions relating to Dwyfor's abattoir/meat plant for Llanystumdwy – the Environmental Statement. Llanystumdwy: Llanystumdwy Abattoir Action Group, July.
69 Llanystumdwy Abattoir Action Group (1994e) Dwyfor's proposed abattoir for Llanystumdwy: summary of an analysis of the Environmental Statement dated May 1994 from Cynefin Environmental Consultants. Llanystumdwy: Llanystumdwy Abattoir Action Group, 1 July.
70 Llanystumdwy Abattoir Action Group (1994d) *op. cit.*
71 Communication from member of Llanystumdwy Abattoir Action Group to the author.
72 Cynefin Environmental, *op. cit.* p 2.
73 *Ibid.* p 12.
74 Garney, M (1994) Fury over agripark decision, *Caernarfon Herald*, 11 February.
75 Environment Agency Bill published, *Environmental Law Monthly*, Vol. 3, No. 11, November 1994.

第六章

环境影响评价与公众质询

乔·韦斯顿

引言

实施环境影响评价的主要目的在于为决策者们提供全面的有关开发项目对环境可能产生影响的信息。在英国的规划体系中这些决策者们以不同的形式出现。若以树形结构图来表示的话，位于结构图顶部的是国务大臣（环境、威尔士、苏格兰和北爱尔兰[1]）；往下是众多的检查员、巡检员，或称作报道者（苏格兰）；再下端是由各行政区、郡或自治委员会选举出的评议员；而在结构图最下端的是那些为委托人作“决策代理”的首席或高级规划官员。若考虑所作决策的数量，这个金字塔的结构要倒转过来了。因为到目前为止大多数的规划决策都是有关规划官员给国内一些家庭住宅改建或扩大签发规划许可的行为。为了给读者一个粗略的认识，可以这样说，项目的规模越大则决策者在金字塔上的位置也越高。不过这样的规律也不总是正确。通常只有在申请被拒绝时，英国的上诉体系才会被使用；并且若申请不是对法律有挑战，第三方一般不会上诉反对已批准的申请许可。要论接受申请种类最多的决策者，那么评议员应立于这个金字塔的顶端。他甚至比稽查员及国务秘书更高。原因主要有以下两点：第一，只有评议员拒绝了申请，开发商才会向上级决策者巡检员提起上诉；第二，当国务秘书相信申请中所出现的问题确实已超出地方可以解决的范围，他（她）才会对申请作判决。[2]

规划巡检员一般在一些半私有化机构工作，他们也像规划官员一样有代表权，可以代表相关国务秘书判决那些上诉的申请。在某些情况下，国务秘书也会转移代表权而由他（她）自己来判。不过首先还是需要由巡检员听取上诉案的证据，将其写入报告后再交由国务秘书审核，最后由他（她）来作出判决。不过在现实操作中，也不是所有这些步骤都由国务秘书亲自完成。通常的情况是先由环境部、威尔士分部或苏格兰分部的高级文职秘书来审核巡检员撰写的报告，随后以国务秘书的名义作判决。

规划巡检员与评议员一样，也有相当多的权力，并且由于他们在决策金字塔中的地位相对较高，他们所作的决策也相当有影响力。对上诉案或者电话申诉案所作判决的方式就如在法律体系中的行使方式一样，并且一个巡检员所作的决策并不一定受其他巡检员甚至当地规划局已作决策的约束。北威尔特郡行政区议会国务环境部秘书曼·LJ（Mann LJ）认为应该这样来衡量其他巡检员对同一案例所作的决策：

> 对于开发商及开发管理当局来讲，保持案例判决一致性是非常重要的。但是在开发管理体系的操作过程中保住公众的信任也是非常重要的。我并不认为对相同的案例作相同的决策是错误的。但作为巡检员，必须常常训练自己的判断力，这样他才能在作决策时不受其他决策者判断的影响。不过在他这样做之前应该先考虑保持案例判决一致的重要性并且需要给出他为什么反对先前判决的原因。[3]

巡检员的决策对于传达政府规划政策起着非常重要的作用，并且地方规划局及其他巡检员在作决策前确实也把公众质询后的结果当作指导自己决定的参考。不管决策报告是由巡检员或国务秘书所作都将被载入诸如《规划与环境法律杂志》、《规划上诉案摘录》或康珀斯（Compass）的《开发管理实践》这样的知名杂志中，它的重要性也就不言而喻了。这样看来出版一本介绍环境影响评价在实践中运用的书非常必要，其中可以包含那些对规划体系发展有重要影响力的决策者们的分析及对适用于1988年规范的项目所作的决策。

在环境影响评价规范引入的1988年至1995年初，共有超过2000份按照全部20套的规范撰写并递交。[4]到目前为止，其中所占比例最大（70%）的报告都是随适用于英格兰、苏格兰及威尔士《城镇与乡村规划法案》的规划申请一起递交的。在牛津布鲁克斯《影响报告目录》中列出了上述报告中104份已作为公众质询的主要议题。[5]本章的大部分内容就是基于公众质询中的54份决策书——54个样本进行分析。这些作为样本的上诉案件从猪圈单元到废物焚烧场，从采矿场到新移民地，涉及范围非常广。这些样本案例中有苏格兰或威尔士政府作出决策的，也有由环境部及规划巡检局来作决策的。[6]通过对这些案例的分析，可以找出哪些问题是需要进行讨论的，并评定哪些问题是巡检员认为对最终案例的决策起关键作用的因素。案例的分析结果列于表6.1，其中分别列出了在分析中需要讨论到某个问题的案例所占比例以及这个问题对最终决策会产生重要影响的案例所占比例。

环境影响评价公众质询涉及各议题的案例比例　　**表6.1**

问题	讨论到该问题	有重要影响
国家或地方政策	75%	65%
适意性	57%	9%
噪声	40%	9%

续表

问题	讨论到该问题	有重要影响
风险	17%	7%
植物群与动物群	23%	13%
土壤	11%	3.5%
水	13%	5.5%
大气	27%	7.5%
陆地	74%	32%
保护区、标志性建筑、考古地	25%	11%
交通	77%	13%

公众质询过程通常在开发管理过程进行到尾声时才开始，在这一阶段规划申请得到了比规划局前期审核案例申请时更细致的审核。申请理由以书面证据的形式递交巡检员，这些书面证据是经专业见证人全面总结并概括后得出的。随后见证人及他们得到的书面证据将接受“反对意见”提倡者和巡检员的交叉审核及检验。一般而言这些书面证据都是一些详细且技术性非常强的文件，在对隶属于环境影响评价规范的项目进行质询的过程中也需要提供类似的证据。无论前期递交环境影响报告的是否是开发商的见证人，质询过程所需要的证据要由他们来提供。专业规划者撰写环境影响报告的方式与为非环境影响评价项目质询过程提供证据的方式并无二致。或许这也说明了环境影响报告及环境影响评价过程并没有使规划上诉与质询过程的特性及操作方式发生任何变化。

另外正如本书引言中所说的，环境影响报告并不局限于那些决策所需要的“环境信息”，更可为决策提供有用信息的一个来源。例如在康沃尔郡的风电场上诉案中，巡检员考虑了所有收到的“环境信息”，在他的决定书中这样写道：

> 评价中涉及的所有议题都是通过在公众质询过程中所得到的大量证据解决的，如果能对这些议题进行修改，那么就能更接近于议题主题。因此我认为评价结果如果依然只是基于材料而得出的，那么相对于证据来说它是没有价值的。[7]

环境影响报告应当是综合了关于环境影响评价中各种证据，特别是那些有冲突的证据后所得到的，但在公众质询过程中，这一“事实”不会被承认。毕竟环境影响报告是由开发商的“专家们”根据个人与积累的经验及专家意见撰写的，因此也带有不少主观意见，与那些由专业见证人为公众质询而准备的书面证据报告没有什么明显的区别。与书面证据一样，环境影响报告也需要接受交叉审核，并列入反对见证人所提出的反对证据。也许最大的区别在于涉及环境影响评价的案例在公众质询中案件未交于巡检员手中之前，对环境影响报告的审核及交叉审核的尺度严格程度是不同的。在这些案例中，所谓的“环境信息”大多是规划局依赖环境影响报告的质量对所得到各种详细信息进行的筛选和判断。可笑的是只有6%的规划环境影响报告符合整个公众质询过程的严格要求。

支持者所掌握的技能以及他们对环境影响报告所作的全面交叉审核，如：开发某项项目可能出现的优势、劣势以及它可能造成的影响，为巡检员的进一步工作提供了巨大的帮助。在54个抽样样本中有6个案例在评价及环境影响报告质量和内容完整性上引起了争议。巡检员似乎用的是被15/88函件认可的最低限要求法来评判环境影响报告的质量的。从报道者对有关苏格兰当局上诉克雷吉（Craigie）矿石场开发案的讨论中可以证明这一点。[8]上诉组织及科尔、克拉克行政区议会的见证人对于环境影响报告的质量及内容完整性进行了长时间的争论。报道者这样概述这个案例：

> 该案例的环境影响报告没有达到环境影响评价的目的。报告中的许多状况陈述，特别是有关机动车交通问题是有争议的。由于缺乏有力的信息或数据支持，很难进行查证。

这个观点得到了一些法律顾问们的认同，报道员戈登（Gordon）先生指出：

> 苏格兰乡村委员会向规划局提出在这份环境影响报告中没有指出那些诸如交通、视觉影响、水文、尘埃、噪声、景观方面的主要问题，并建议规划局在这些问题未被详细列出之前不予签发规划许可。该环境影响报告还受到了自然保护委员会的指责。

然而尽管听取了所有这些证词，但报道员还是不得不接受《规范》与函件中对环境影响报告质量不作具体要求的事实，因此他提出了如下的意见：

> 该环境影响报告受到许多团体的强烈指责。我同意大部分的批评意见。该环境影响报告中所提出的问题大多没有深度，也没有文件材料可以证明他们对该项目可能产生的环境影响进行了切切实实的分析。许多对于项目效益及交通问题产生的阐述都很混乱。环境影响报告完全没有做到“最佳实践”……尽管它有这些缺点，但从我的角度来说这份环境影响报告是符合《环境影响评价规范》所提出的法律要求及《欧洲共同体指示方针》条款的。

在面对所有这些有冲突的意见时，也许巡检员会像在康沃尔郡的案例中的表现一样，去寻找比环境影响报告中更有说服力的证据。也许这就能解释为什么在所分析的53%的案例中，巡检员及国务秘书都没有在他们的决策书中特别提到环境影响报告。

上诉决策书并没有提出环境影响报告所提供的环境信息比在非环境影响评价项目的公众质询中所提出的环境问题更具价值这样的说法。这里所讨论的环境因素是《规范》表3中另外一些诸如适意性、风险、需要及规划政策问题的环境因素。而实际上在所考察的大部分案例中（65%），无论是国家或是地方土地使用政策都是巡检员及国务秘书所考虑的主要因素。许多列于表3中的环境因素诸如动植物群、景观及大气同样也很重要，并且这些环境因素在1988年引进环境影响评价体系之前就已被作为传统规划要素，在每次公众质询过程中都成为争论的主题。而其他一些环境因素，尽管它们的出现与环境影响评价规范的引入有直接关系，却不经常甚至可以说很少被归于表3中规划因素这个大标题下。比如气候，尽管也常常被讨论到的，但它从不被作为一个独立案例或文化遗产或物质财产中的考虑因素。主宰着巡检员及国务秘书决策的都是一些传统的规划考虑，比如适意性、不同形式的风险、交通及需要等。而像动植物群、噪声及景观这些影响因素更趋向于作为独立的个体分开进行讨论。

适意性

忽略了公众或个体的适意性是规划考虑中一个非常严重的问题。“适意性”不能简单地被归类于1988年《规范》表3中所列出的任何一种环境考虑因素。怎样来对待“适意性”，是大部分的案例研究中所涉及到的问题。作为一个没有被明确定义过的考虑因素，适意性出现于57%的案例中，而仅仅只在9%的案例中才被作为主要的考虑因素。适意性本身就是一个非常难定义的概念，而且它的定义也从未在法律文书、法规或者规范中出现过，但它却是规划评价中的一个重要部分。在本书中，适意性可以被理解为“环境中受人们欢迎的部分”。这个简单的定义默认了环境是由许多不同要素组成，当然其中也包括一些不受欢迎，也无法从中获取任何价值的要素。比如城市中的贫民窟或者对环境造成污染的废弃物都是环境中的一个要素，但它们并不受欢迎也没有任何美学价值，所以它们没有适意性。对这个概念的理解正是基于环境与人们所感知的环境美学价值及其意义的关系而建立的，因此一项开发对适意性的影响实际上就是对《规划》表3中的一个环境因素——人类的影响。

当然开发对人类的影响是任何一个规划体系所关注的主要问题。任何有关资源合理使用与管理以及保护乡村所谓的“自身利益”的讨论中，规划的主题都是有关民众的。对于乡村的保护涉及到社会的考虑，因为它的实施来源于民众对这种保护的需要和要求。就算诸如蝙蝠或者獾这样的动物开始在英国绝种，自然界也不会出现什么生态灾难或地球危害。但如果这种情况真发生了，结果依然是令人沮丧的。并且许多人都认为从某些方面来说他们的生命也在减少。弗莱施曼（Fleischman，1969 年）提出了一种有说服力的说法：

> 自然界中消失的高鸣鹤、秃鹰及红杉数量绝对没有成千上万已灭绝的种类数量多。保护只是基于人们的价值取向。它的有效性是建立在人类的处境及他们的热情上的。[9]

类似的，不管是由污染造成的健康问题还是由不合理设计或过度开发而导致的建筑环境退化，最终环境灾难最大的受害者通常都是人类。[10]即使某些对药物、食品或工业有潜在开发用途而需受特殊保护的动植物，对它们的保护也只是为了人类的某些利益，而不是为了它们的任何生存权利。可以说所有的环境影响从根本上都是以一种形式或者另一种形式对人类产生影响，并且现今也没有一个绝对的标准来评判规划表 3 中的那些独立影响分类的准确性。另外表 3 没有直接提到那些特殊影响，诸如噪声、气味、混乱度或者视觉影响。而这些影响都可能降低环境的可接受性，从而使人们的适意性受到影响。

由于适意性是规划决策时的一个基本考虑要素，因此抽样决策书中巡检员及国务秘书对适意性问题的讨论与在非环境影响评价上诉案中对此类问题讨论的方式无实质性差别。然而，随着噪声和气味问题的出现，环境影响报告中的详细技术性评价结果似乎成为了巡检员开展评价工作的基础。这并不是说环境影响报告的结论将被巡检员所接受，而实际情况往往恰恰相反。在 1990 年有关一项建造弗林特（Flint）旁道的提案决策书中，巡检员就建造旁道可能对来临近弗林特城堡的参观者产生的交通噪声影响进行了讨论。在环境影响报告中噪声被确认为“扰乱因素”，而提出提案的克卢伊德（Clwyd）郡议会却认为该噪声的分贝级是可以接受的。巡检员这样总结他的意见：

> 我认为要制定出一个参观者可以完全接受的噪声标准是不可能的。就我而言，当然不会去参观一个原本应该是充满乐趣、相对较宁静而如今却有如此大噪声的城堡。此外这个由噪声所造成的噪声级会使当地的其他一些活动受到干扰。[11]

这里的适意度问题也可认为是对“文化遗产”造成了一定的影响。因为参观者的适意度来源于对这座历史城堡的参观，而修建旁道所造成的噪声将影响他们参观的心情。

噪声是涉及环境影响评价项目中的常见问题，也是 40% 的研究案例中主要的考虑问题。在为这些项目所撰写的环境影响报告中都有根据《规范》表

3中的条款而制定的降低噪声影响的措施，这些措施也将是在公众质询过程中被争论的主题。面对所有这些规划考虑因素，巡检员及国务秘书不得不对实施缓解措施的效果进行估计，以分析该缓解措施是否足以克服项目中所出现的问题。但有时这对于巡检员及国务秘书而言是个非常艰难的权衡过程，而且在某些案例，特别是涉及环境影响评价的案例中通常没有实质性的依据来帮助他们作出估计；毕竟任何案例、任何地方、任何开发地所处的环境都是独特的，因此对影响的预测并不具有完全的科学性，往往也不准确。以下是一段巡检员在公众质询后撰写的有关兰开夏郡（Lancashire）的Higher、布罗克霍尔斯（Brockholes）、萨姆斯伯里（Samlesbury）、普雷斯顿（Preston）开掘沙砾提案的报告摘录，它印证了权衡此类案例的复杂性：

> 受影响居住区的背景噪声值已远远高于城市正常的噪声值。不过值得欣慰的是，在对项目现场采取了一系列降噪措施后工地的操作噪声可以和背景噪声值相当了。另外一些施工噪声诸如在河边筑堤或建筑施工所产生的噪声可能会比较大，不过这些噪声都属于短期噪声，并且可以把他们控制在人们能忍受的范围内。当然偶尔从开发现场传来的噪声可能影响萨姆斯伯里学校进行的正常户外教学，不过就我个人观点而言，这样的情况应该是很少的。因此总体来说，我认为该开发地所产生的噪声不至于使萨姆斯伯里的居民觉得不可忍受。[12]

很明显，从以上摘录中所说的内容来看，对于噪声影响的问题依然存在着许多的不确定因素。为此，巡检员不得不对此提出建议由国务秘书来作决定。

通常情况下，这些不确定因素都是通过强制要求接受许可条件而得到解决的，在本案例中许可条件为限制施工时间及设定施工现场外噪声限值。不过即使制定了这些限制条件，限制后的噪声影响是否可接受或相反地噪声反而增加了，这些都是出于公众的主观感觉。

实际上许多类型的环境影响都是一种主观体验，是对公众或个人适意度产生的变化；什么程度的影响是可接受的对于不同的人也不同。巡检员沃尔德伦（Waldron）在收到两份有关萨福克High House农场及帕勒姆（Parham）农场建造猪群养殖上诉案后，在他的决策书中提出的气味影响问题就可以说明这一点。沃尔德伦先生在决策书中这样陈述：

> 公众质询提出目前还没有量化的方法来测定气味强度。因此考虑这个猪群养殖单元所产生的气味影响是否可接受是一个主观性的评价。[13]

在这个案例中巡检员面对的是许多有冲突的信息。环境影响报告中有一段对气味量值的分析。分析指出从两个项目的开发地所传来的这种气味在临近的居民区可以检测到，但它的强度还不至于需要否决申请。然而，巡检员也注意到农业开发建议机构出版的指引中提出，在当地居民的气味影响投诉中，大型猪群养殖单元几乎都建在居民区400m以内。而现在巡检员在面对这样一个只能以主观方式评价的影响时，他有两种方式来做这个评价：1. 分析该区域的大气及风力条件，随后作出预测；2. 运用一个简单的规律，即排放源离接受者越远则越好。离开发现场最近的居民区 High House 距离开发地不足400m，属于“高危地区”。但巡检员沃尔德伦先生得出的结论是该项目对居民的适意度还不至于产生威胁，所以权衡之后认为该处是可选之地。

项目开发有时还需要考虑是否对信号接受有负面影响，这也算是对“人类”及其的适意度的一种独特影响。这个问题在安格尔西的 Trysglwyn Fawr 风电场提案的上诉中有详细讨论。[14]英国广播公司（BBC）坚决反对该开发提案，他们向巡检员举出了一些证据证明“有10%的可能性对穿越该地区的广播连接产生重大影响”。最后在开发商、国家风力局及英国广播公司联合签署了一份法律协定后该上诉案才得以解决。协定要求上诉者必须提出补救措施，并证明该法有效才能开发项目。

从以上的分析中可以看出，要确定适意度的边界值是非常困难的，并且要区分《规范》表3中的各种环境因素到底是对“人类”自身还是他们的适意度产生影响也很困难。这一部分会努力说明那些在公众质询中所讨论的“人类”影响。另一部分在这里没有讨论到的影响以及它们与表3中列出的环境因素间的关系在后面对公众质询过程中所出现的其他主要问题的分析中将涉及到。

风险

风险，不管以什么形式出现，目前都已成为环境影响评价质询过程中一个越来越重要的部分。在所抽查的上诉案例中，有17%的案例把风险影响作为主要问题。至于事故、工厂运作失败或人为失误的风险到底到什么程度才应在规划决策中加以考虑仍在争论中。

自盖茨黑德案例出现以及1994年出版的《规划政策导论》第23章——规划与污染控制（PPG23）出台以来，污染控制体制——环境保护法案（EPA）与综合污染控制（IPC）已正式被当作规划决策中的实质性考虑因素。[15]然而，由于PPG提出的承诺没有实现，并且有关规划与污染控制关系的问题还有待进一步澄清，因此它的出台遭到了广泛的批评。[16]罗格·米尔恩（Roger Milne）在“污染层次划分”的文章中指出，风险问题如今依然是一个难以解决的“灰色区”，并且很明显它也是PPG中所存在一个主要难题。[17]在许多的上诉案例中风险问题都作为一个主要问题而影响巡检员的最终决策。尽管在PPG23中对此已提出了不少建议，但规划巡检员及法院仍在努力解决环境风险方面的争议。

PPG 中 3. 2 节明确说明“对于那些敏感区域，特别是涉及到风景、农田质量、自然保护及考古指定区域，若有任何证据可以说明污染会引起某种形式的风险，则这风险须作为规划考虑因素。在 PPG 中 3. 18 节说明“对于某种风险的感知并不能作为评审规划申请中实质性的依据，除非土地利用结果能够证明这种风险的存在性”。[18]从 PPG 的这些章节中可以看出，若风险对土地利用产生影响时，它将被作为一个实质性的考虑因素。然而，PPG 否决了规划者对风险进行评估的职责，它规定风险评估应作为相关污染控制认证过程的一部分完成，规划者以此作为依据来考虑规划申请。实际上，污染控制部门并没有对风险提出意见的职责，并且从第五章 Witch 项目的案例中可以看出，他们对此也抱着迟疑的态度。另外，他们的权利和职责不包括对风险提出意见，他们不可能也不愿意违反 PPG 的规定去做超越他们职权范围的事情。

PPG 把实行“风险评估”的职责弄得很混乱，从以下的陈述中可以看出，实际上它还是把风险评估归为规划事务。

> 由于风险是由诸如社会、经济、环境等因素的共同影响而造成的，因此即使在开发项目符合污染控制要求的情况下，规划者仍可能认为该项目在规划范畴中存在不可接受的风险性。[19]

这里关于什么是“环境影响”以及“环境”这个概念的定义都非常模糊。如果他们所定义的“环境”与《环境保护法案》中的定义（环境包含了全部或者部分下述媒介，具体来说就是大气、水和土地。这里所指的大气，包括建筑物中和任何自然或人造的构筑物、天上和地下所存在的大气[20]）相一致，那么在规划者对有 IPC 或 LAAC 认证的工厂运作过程或工艺进行评价时，污染风险评估依然是他们工作的一部分。因此正如 1994 年 6 月的环境数据服务报道（ENDS Reports）中所提到的，PPG23 并没有权利“迫使规划者远离污染控制认证领域”。[21]另外，在环境署 1989 年发表的《环境评价过程指引》明确提出：为避免环境事故对人类及环境所造成的恶劣影响，在环境影响报告中必须详细说明将采取怎样的预防措施以抵御此类风险的产生。环境署所提出的这个要求并不是为了强调风险评估的作用高于一切，而只是希望通过此举可以让大家意识到风险评估对于潜在控制污染的重要性。[22]

通常规划者都会把风险评估作为规划评价工作的一部分。的确，规划评价的主要目的在于对开发项目可能导致的公众或个人不适风险进行评估。因此，评价的关键也便是规划者如何权衡开发项目的损益关系。从这点上来说风险评估对于规划者而言并非新兴事物。本章的后续部分将讨论在环境影响评价的公众质询过程中如何解决风险评估问题以及涉及表 3 中部分环境要素的风险评估问题。

人类

在一个垃圾填埋项目的案例中，巡检员不得不考虑因垃圾吸引鸟群而可能造成的鸟类与附近机场起降飞机发生碰撞的问题。这个位于牛津郡临近查尔格罗夫（Chalgrove）的垃圾填埋项目的开发现场正好处于飞机制造商马丁·贝克（Martin Baker）公司飞行跑道的末端。在开发商申诉的环境影响报告中认为垃圾填埋场的开发不存在“吸引鸟类”的问题，并且该区域本来就聚集了很多的鸟群，特别是在填埋场项目动工之初这些鸟群就已存在。而巡检员的观点是：

> 作为垃圾填埋的“剩余三明治”的数量大于从大街垃圾中经挑拣出的量，因此鸟群很有可能是因此而引起的。至于该开发项目的申诉是否有效，现在还无法定夺。[23]

这里将涉及人类影响权衡的重要问题：保护公众及飞行员的安全还是开发项目却增加鸟群撞击的风险。对此问题，巡检员得到如下结论：

> 我的结论是根据我掌握的所有已有信息得出的。如果同意申诉要求，将长期增加马丁·贝克公司运作的危险性。我之所以这样做是因为政府出于安全考虑，从没有在机场临近处批准建造此类项目的先例。[24]

水

水的问题在7个案例中均存在，而这里要讨论的主要是有关洪水带来的风险以及排水的问题。只有采矿场及废物处置的案例需要就水质及其对含水层的影响着重进行考虑。

一个有关在唐克斯特（Doncaster）附近柯克桑德尔（Kirk Sandall）处建造地方废物处置中心的提案再次被国务秘书驳回申诉，他认为：

> 该地处在一非常重要但未经任何保护的含水层上，而该含水层离地面的距离非常近。因此很有必要将其与该提案的益处同时考虑。[25]

在提案提出初期，含水层可能产生的潜在影响因素均已被确认，并且通过诸如在填埋时添加多层人工隔离层的方法使含水层污染风险降到最低。不过，国务秘书认为即使隔离层设计真的可以防止“可预见的渗滤液”渗出，依然存在着隔离层被破坏或穿透等可能性，而这种风险的概率“即使微乎其微”也是不可接受的。参与该案例审核的所有团体都接受提案中所述的废物处置场位于“英格兰南部的一个重要含水层”上，而“含水层顶层的粘土又无法有效地保护含水层不受污染物的影响”的说法。并且他们还一致认为“即使是微量的渗滤液都可能导致大规模的水污染，而净化将是一个昂贵、长期而又无成功保障的大项目”。[26]

在这个案例中污染风险是最基本的考虑因素，并且还突出了风险评估中其他一些需要在环境影响评价中引起注意的风险。这里的风险不单纯是环境风险。当环境影响评价过程确认出项目存在重大并最终起决定因素的潜在影响时，开发商还将面临着提案是否可以继续进行、申诉是否可以成功的风险。

大气

表3中的环境参量——“大气”的问题是15个案例抽查样本中均存在的。这里的大气问题所涵盖的范围非常广，有化学物质及颗粒物排放、粉尘问题以及早先讨论过的因废气产生的异味而造成的不适问题。这些问题依然涉及将影响量化到表3中各单一环境参量时存在的困难。污染风险不仅将威胁人类的健康，同样也会大规模危及环境。健康问题毫无疑问是关系“人类”的首要因素，因此许多项目，特别是那些可能产生废气并欲将废气排入大气的项目，在公众质疑阶段均包含对公众健康问题的详尽讨论。

在赫尔福德（Hereford）及伍斯特（Worcester）城的生禽废物焚烧场项目的公众质疑阶段，巡检员提出由于该项目会使“当地民众的健康受到污染的威胁”，因此他们有足够的理由对该项目可获污染控制许可表示怀疑，并拒绝对其发放许可。[27]针对这种风险的特性，巡检员发表了如下意见：

> 在这个案例中，污染风险将影响该区域的土地利用以及社会、经济的发展。而饲料的种类、现行大气质量限值、处理生禽废物时所使用的工艺特性以及这些工艺是否符合皇家污染检查所制定的要求都会关系到污染风险评价的结果。但无论是当地的环境状况信息还是在公众质疑阶段所得到的证据都无法对这些风险给出确切的说法。

在另一个有关在泰恩河畔的豪登（Howden）建造热化学废物处理中心的项目中，虽然公众质询阶段的证据均已成为评判影响大小的实质性考虑因素，但由于这些证据中没有一个可以否决申诉，因此该案例中还遗留下了一些未被定论的影响。[28]对此，国务秘书也持同样的观点，这在他为Seal Sands工业废物焚烧场案例所作的决议书中就可以看出。[29]基于以上案例，虽然在PPG23中没有提出需要特别地考虑这些污染风险，但污染风险在一些诸如与开发项目相关且对居民区或者重要环境特性产生影响时，可以给予更高的权重。另外如果环境风险会导致工厂出现某些形式的运作失误，那么就应给予足够的重视。以往的失败经验以及那些主要事故说明，这种风险是可以预知的。

为工厂运作失误、造成的大气污染及对人们健康的影响所作的任何评估均需要对其他的相关因素，如生产需要、相关政策以及该地污染控制体制能够控制和减少这种风险的能力等进行权衡。在米德尔斯伯勒（Middlesborough）的瓦尔肯（Vulcan）街道建造垃圾焚烧场提案经过公众质询阶段后，巡检员在报告中这样写道：

> 要为这种特殊装置寻求具有结论性的证据来证明它的安全性是不可能的。完全的无风险状态也是无法实现的，而风险的大小则应在权衡了其他的因素后才能确定。[30]

通过风险评估并记录在环境影响报告中的污染风险，它的大小取决于该地环境对一次事故或工厂运作失误的敏感程度。在威尔士办公室接手的一个有关在艾尔（Ayr）、Talacre、克卢伊德（Clwyd）建造汽油与石油运输终端的案例中，巡检员认为健康与安全执行官在污染风险评估中有相当多的经验和职业水准，因此他对执行官接受申诉者所提出的要求建模分析污染风险的做法给予了大力的支持。[31]在该案例中，风险评估是通过大量的测量风险方法，如计算每年每人的死亡风险而得到的。很明显，这类风险评估方法需要有技术分析的支持，这点和环境影响评价中其他领域的评价并无二致。此外从风险评估中所得到的数据对巡检员的工作很有帮助。另一个由威尔士办公室处理的案例是有关在格温特郡（Gwent）新港口建造化学处理厂的提案，在该提案的环境影响报告中没有考虑因事故泄漏而造成未处理废气直接排入大气的危害。[32]结果，在公众质询阶段大量的时间均耗费在为该问题而进行的讨论上，并且对定量风险评估的争辩结果使得巡检员做出“该厂运作失误风险的等级以及可能产生的影响是可以接受的”的决断。由于公众及当地权威机构在参与质询过程之前对事故风险评估的详细问题并不明白，因此对于事故风险的担忧也就不可避免地成为了在紧张且敌对气氛中进行的公众质询过程里的关键问题。巡检员的陈述证实了这一点：

> 公众对于危险与风险的意识依然存在。以我的判断，这是不利于开发项目的因素之一。然而，如果掌握了该案例中那些影响公众健康的可预见风险和可能的风险等级，那么我想公众的普遍反对，尽管这种反对可能会通过某些团体或个人甚至地方规划局来传达，但根据开发规划政策，在缺乏足够的证据证明提案会危及公众或者环境的情况下，也无法阻碍提案被通过的结果。[33]

风险，无论以什么形式出现都是许多环境影响评价案例中申诉的理由，然而在样本案例中却没有一个案例执行过完整的风险评估，也没有将评估结果记录于环境影响报告中。由于污染风险以及它最终会对公众健康与环境产生的影响都是公众关注的焦点，因此它也成为了相关权威机构或处理申诉的巡检员考虑的首要问题。如果环境影响报告中能完整记录环境风险评估的结果，那么它毫无疑问可作为决策过程中有力的辅助工具。

规划需要与规划权衡

在英国，不论是建造公众或个人设施的规划，实际上都是在项目需要与项目的事故风险或对表3中所标出的环境要素产生的不利影响间进行艰难的权衡，虽然项目需要通常都是既定的。通常对这些因素的权衡都决定于他们在环境特性影响中所占的比重，在英国主要决定于各种形式存在的国家或地方的权重分配原则。

动植物群

动植物群是本次抽查的23%的案例中所提到的问题。保护野生动植物种群及栖息地很早就成为英国规划中的重点考虑问题，并且保护工作大多依赖于一些特殊形式的权重分配原则。

分配原则在动植物群影响权重中的重要性在1990年杜伦郡希尔顿（Hilton）地区的露天煤矿采矿场项目申诉案例中就可以看出。杜伦野生生物基金会表达了他们对提案可能对该“野生生物富足区”产生影响的高度担忧。对此巡检员提出了他的看法：

> 很明显采矿场的运作将大规模的扰乱野生生物生活以及该区的生态平衡，而这种破坏性扰乱必须经过许多年，也就是等动植物群重新在该区繁殖后才可能恢复原来的生态平衡。不过现在的问题是没有相关政策作为保障，也没有其他证据来证明该农业景区的自然历史遗产应该得到特殊的保护。[34]

这实际上就是野生生物重要性与分配原则的权重孰轻孰重的一场对抗。前面所提到的弗林特旁道的案例还涉及项目开发中存在着对迪河（Dee）河口造成严重破坏的风险。而迪河河口恰好是拉姆萨尔（Ramsar）风俗区及一个特殊保护区的所处地。这里，威尔士国务秘书接受巡检员对政府提案所提出的强烈指责，并且他对迪河河口状况提出如下观点：

> 剩下的因素都可增加迪河河口自然保护问题的权重，实际上这个问题本身也是决策提案申请的实质性考虑因素……巡检员对此的结论是旁道的建造将对迪河河口的自然环境造成不可接受的破坏，后果不堪设想，因此即使采取补救措施也无法逆转该提案被否决的命运。我也同意这种观点。[35]

在上述意见中所提到的补救措施是在旁道通往拉姆萨尔风俗区的路上开辟一片盐沼地以供鸟类栖息。巡检员对此所发表的评论是：

> 我个人对这种极端的补救措施是否可以或最终完全弥补项目所造成的损失相当怀疑。暂且忽略这种措施本身对环境所造成的影响，它的开发将又一次破坏鸟类的生存。[36]

在这个案例中，自然保护委员会在联合指责由议会提交的环境影响报告中起了相当重要的作用，同时该委员会还在公众质询中提供了反对证据。因此巡检员更愿意接受自然保护委员会在公众质询过程中提供给他的证据，而不是环境影响报告中的那些环境信息。

就开发项目产生的影响与提案提出的缓解措施所展开争论也是许多抽样案例中的问题，其中包括科茨沃尔德水世界公园与 Centre Parcs 公司的 Longleat 项目建议书。[37]这又是一个艰难的权衡过程，当然巡检员依然需要根据风险的不同等级作出评估。这种评估主要还是依赖于环境影响报告中所提供的环境信息，当然还有其他的相关证据作为环境信息的补充。在泰晤士河畔斯泰利布里奇（Stalybridge）的垃圾填埋项目案例中，由于存在自然腐蚀影响生态质量的情况，巡检员不得不考虑这个当地规划署所指定的野生生物区批准开发垃圾填埋项目的充分理由，以便日后在该地开辟新的野生生态栖息地。巡检员伯登（Burden）先生总结如下：

> 如果批准申诉项目的开发，那么所造成的生态危害可能比对其放任不管的情况更糟。如果放任该野生生物区的灌木最终长成林地，大多也不会与邻近成熟的林地有多大分别。[38]

即使在完成环境影响报告、收集了其他的各种“环境信息”、邀请了相关专家以及法律顾问对该地进行考察后，巡检员依然无法肯定地对项目可能产生的环境影响作出评价。这点在他的决策函中所充诉着诸如“可能是”、“大多类似”这样的字眼就可以看出。

土壤

土壤问题一般很少在案例中出现，一旦出现大多是涉及农业用地质量的。通常来说，涉及开发矿产的项目提案会引发对优良农业用地缺失问题的争论，因为某些农业用地对矿物质含量有特殊的需求。举个例子，巡检员伯登先生在他为萨姆斯伯里开掘沙砾提案所作的决策函中提出如下总结意见：

> 地下的沙砾层非常重要。但我认为优质土地的缺失还不至于严重到会阻碍下层矿物资源的开发项目。[39]

在该案例中，经统计开发项目共造成了大约 15hm^2 至 23hm^2 二级优良农业用地的缺失。巡检员承认，“二级农业用地毫无疑问是兰卡郡现存土地中最好也是最肥沃的土地之一。”

而对于诺森伯兰郡的案例，巡检员却提出了完全相反的意见。这是一个有关将沙砾从一仅占诺森伯兰郡土地面积 3%，面积为 30hm^2 的二级农业用地地下沙砾层挖空的提案。该地并不是作填充之用，而是完全地把该处土壤挖除以开掘一个可养鱼、泛舟的人工湖。巡检员海涅（Heijne）先生认为优良农业用地这种不可逆转的缺失是不可接受的，它与国家及地方有关保护肥沃土地的政策相违背，并且申诉者也没有提供足够的证据可以证明他们对于矿物的需要高于一切。[40]

从以上的案例中可以看出，对于开发需求评估的重要性，可能更甚于评估项目对土壤环境所产生的影响。

景观

景观保护与美化一直以来都是英国规划体系中的一个主要特性，并且它也是规划决策的一个实质性考虑因素。景观是表 3 中一个独特的要素，由于它的价值取决于人类主观的评定，因此类似于表 3 中其他要素，景观影响特别关注的就是对人类的影响。很显然，不利的景观影响必然造成公众或者个人适意性的破坏。如同对动植物群的保护一样，景观保护工作一直以来针对的都是英国规划体系中的那些指定景观，而这些景观主要涉及的是“自然美景”，不过英国却存在着一种奇怪的观点，认为英国境内没有真正可称得上是“自然美景”的景观。因此，项目对指定景观的影响与开发需要及保护政策间再次面临着一个权衡与抉择。

在环境影响评价的决策函中景观影响作为审批提案考虑因素的占 74%，而其中属于决定性因素的占 32%。无论是在需要建造高 35m 烟囱的废物焚烧场项目、露天挖掘矿场项目，抑或是任何会为景观带来或大或小“创伤”的采矿项目，景观影响的问题无一例外地存在于那些隶属于表 1 与表 2 中的所有项目中。

在申诉案中，很多争论都是围绕着“采矿项目不是永久存在，通过拆除项目或者美化原本景观的方式可对所产生的景观影响进行修复”这样的观点而展开的。在上面所提到的牛津郡开掘沙砾的案例中，巡检员似乎更乐于接受当地居民的意见——15 年的项目运作期限将对这个“一眼望去，长长的街道被成熟天然的阔叶植被所覆盖，偶尔可见街边篱笆墙，美丽的敞开式景观区”产生非常恶劣的影响。这等于破坏了他们“完整的童年回忆”。[41]

那么除了依据经验以景观变化破坏“童年回忆”作为标准外，如何才能更清楚地表现景观影响与项目对人类及他们适意性影响间的关系呢？

即使所需开掘的矿物量很少，这个案例中景观影响依然是一个主要的决策因素。项目现场并不处于国家景观设计区内，另外在当地居民对规划提出反对意见后，规划局也只是将该地划入当地规划设计草案中。这个案例也证明了，景观保护并不完全取决于规划设计的要求。

在对剑桥 A45 公路建设位置新方案的质询中，巡检员认为景观问题包括公路位置建设对其他公路的影响。在 8 个类似案例中，有 7 个需将其作为实质性考虑因素。[42]但这些项目也并未全部列入当地政府的景观设计规划中。

国家保护风景区（AONBs）的设立并不是阻碍规划的行为。《矿业政策导则 1》提示地方政府和规划者采矿业只能在有可开采矿源的地方发展，而矿源通常出现在受保护区域例如国家保护风景区或国家公园等地。[43]这时，采矿“需要”就会与原有规划产生矛盾。

国家保护风景区的建立必然会与工业和商业规划之间产生矛盾，这一点显而易见。Centre Parcs 公司在威尔特郡（Wiltshire）的 Longleat 项目中，国务秘书认为：

> 权衡项目的利弊……例如对区域植被和当地就业的影响，发展建设国家保护风景区的政策不足以作为驳回项目申诉的理由。[44]

景观是区域规划的一个部分，环境影响评价从表面看似乎倾向于对原有区域环境的保护。但实际上这是一个对矛盾的权衡过程，在采矿业所带来的利益以及保护原有地貌、使用替代能源之间进行权衡。环境影响评价通常的解决方法是采取植树和修复等缓和措施。

物质财产与文化遗产

表 3 中列出的所有环境要素中，物质财产与文化遗产恐怕是最难定义的。因为他们所涉及的范围很广，包括了建筑、公路与运输基础设施、交通、具有考古价值的区域及文物、历史久远且已记入名册中的建筑、保护区甚至“文化个性”。如同表 3 中其他的环境要素，上述要素中的绝大多数都可作为规划中的实质性考虑因素。对于那些已列入名册的建筑或保护区，规划工作的主旨是保证开发项目的同时保护建筑或保护区的外观及主要特征。同样的，保护工作很大程度上也取决于一些权重分配原则。至于案例涉及考古价值区域及文物时，这种分配原则仅仅适用于那些留有大量非常有价值、未经记录、未知考古特征、非常重要的历史遗址。不过自《规划与环境管理》（PPG16）：《考古与规划考虑》出版以来，在规划评价中此类遗址的权重被

大大提高了。[45]

尽管有点重复了，不过需要再次提到的是，作用于所有环境要素上的影响归根结底还是作用于人类本身。

对记入名册的建筑、保护区及考古遗址的保护问题是25%的抽样案例中的争论点。交通影响出现于公众质询77%的案例中，并且在这些案例中该影响被作为重大或决定性考虑因素的占13%。然而，在所有这些案例中，没有一件巡检员或国务秘书将“物质财产或文化遗产”影响作为评价审核的考虑因素。

尽管考古需要在规划考虑中的地位越来越高，但由于开发考虑是惟一可为现场调研工作带来政府拨款的影响决策的因素，因此在实际案例中很少会因为诸如考古影响而驳回开发商因提案未通过而提出的申诉。《规划与环境管理》就在何种条件下才可获取规划许可给出了指示，这使得现场的考古调研工作无论是在开发项目的前期还是进行中都可以实施。以约克郡卡斯尔福德（Castleford）附近的一个建造韦克菲尔德（Wakefield）港口货物集中站的提案来为例，因为在巡检员的结论中有如下一句话，该提案立刻得到了国务秘书批准：

> 从所有现存的证据来看，我认为该地其他未发掘的特征还有待记录。但从已发掘的特征来看，没有必要对开发地现存或残余的遗迹及开发项目申诉中所指的那部分地区进行保护。[46]

就如通常在公众对工业污染可能带来的危害的敏感性与客观分析结果间出现的差异一样，交通问题也存在如此的情况。公众可接受交通安全的等级与高速公路项目理论所得的等级存在着很大的差异。笔者自巡检员就格温特郡新港口建造化学处理厂项目提案接受公众质询后所写的报告中挑出了如下一段，这段话正反映了上面所说的这种差异：

> 现有调查（由申诉者提供）并不能确切的证明是否该路线中需考虑步行者的活动或者当地学校、商业或娱乐中心的活动安排。因此，即使反对者把Spitty 路段和Ringland 路段步行者的安全都作为理由我也不会改变主意，我认为新增的130辆车形成的额外车流并不足以增加交通事故的隐患，因此也不属于重大影响。[47]

由此可见，即使环境影响报告也无法消除当地居民的担心。就算开发商在环境影响评价的早期阶段与当地居民进行磋商，提供再多准确的信息也不可能降低当地居民对提案反对的可能性。这一点从巡检员在科茨沃尔德水世界公园开发提案接受公众质询后提交报告中就可看出：

> 群众对提案，甚至是次要提案反对呼声的加剧实际上很平常，因为这种

敌意的态度经常会随着项目对现状描述的表达方式的改变而发生变化。当然我并不怀疑那些民众对开发项目提出反对意见的诚意，但不管怎么说若他们希望他们的反对可以对决策产生影响，至少应有一些具体且具有说服力的证据。

当地居民表达出的担忧之情我觉得是真实的，但根据已制定的高速公路车容量限值及建议高速公路改进措施中，包括建议 A419 公路及与 Spine 路段交汇点升级的一些原则，我认为民众的这种担忧只是努力用这种方式来阻止所要发生的改变。[48]

在兰开夏郡诺斯利（Knowsley）建造医用废物焚烧场的提案中“物质财产”指的是开发项目所在的工业园区。该提案的顾虑在于焚烧场的建造将对该工业园区产生有害的影响，因为没有哪些业主愿意把工厂开在临近潜在污染源的地方。[49]国务秘书认为这个问题是值得考虑的，但就该案例的情况来看还没有严重到必须否决该提案的地步。同样的问题还出现在美国克利夫兰（Cleveland）的废物焚烧场的申诉案例中。所提议建造的焚烧场是 B2 开发计划中的一部分，专为工业使用。在这个案例中争论主要集中在开发项目可能对“克利夫兰这个干净、工业劳动力密集的富有吸引力的地方”带来不利的影响。[50]国务秘书承认这个因素可作为决策中的一个实质性考虑因素，但在这个案例中并不具有负面影响，因为该地本来就被规划作为此用。而在接下去的这个案例中，将看到国务秘书对提案采取了完全不同的态度。这是一个提议在北泰恩河畔的豪登建造综合废物处置中心的提案，其中包括一个用热化学的方法处置剩余污泥的处置工艺。这是国务秘书为该提案作的结论：

在审核该提案的申诉中，城市的重建应该是一个实质性的规划考虑因素……在城市的重建中，在市民中建立起信心是使重建工作获得成功的关键，这也是开发公司重要的策略之一……至于在这里建造综合废物处置中心肯定会带来负面影响……废物处置中心离居民地及主要重建地的距离非常近，我认为它必将对被泰恩河畔的部分重建地带来难以估量的严重危害。我同意巡检员的意见，彻底、明确的反对开发项目的实施。[51]

这些影响对于决策起着非常关键的作用，但是它们却很少被当作关键的问题出现在与规划申请同时提交的环境影响报告中，并且也只是在公众质询阶段通过一些证据才反映出来。诸如此类的社会经济影响并不是环境影响评价规范中强制要求进行评价的，格拉松（1994 年）就曾提到此类影响常常会在环境影响评价中被忽略。[52]经济影响通常是开发项目对“物质财产”所产生的影响中最典型的影响，它们是规划决策中非常关键和重要的考虑因素，因此很明显把经济影响记录于环境影响报告中非常必要。

公众质询与环境影响评价

在对案例质询决策函的回顾过程中反映出了许多重要的论点。首先，风险评估无论以什么形式出现对于环境影响评价及规划过程来说都非常重要，并且也与他们密切相关。其次，所有在公众质询中凸现并提出争辩的问题实际上是整个规划权衡评估中的一小部分，规划权衡评估很久以来在英国规划体系中的地位都具有高于一切的决定性。正如特罗曼斯（Tromans，1991 年）精辟的总结：

> 尽管《规范》起着保证环境影响在评审中能得到考虑的作用，但它并不能增加这种影响考虑因素的比重或改变某一特定影响因素与其他实质性考虑因素间权重比值。[53]

至少对于公众质询过程来说，环境影响评价的引入似乎对它并没有产生什么显著的影响。在一个项目正式进入公众质询阶段时各种观点及各方对提案所持不同的态度也都已建立，听证会也成为了专业人士们直接交锋、鼓吹者分派争论的敌对争辩会。而这些争辩很少有合理的，并且也不符合环境影响评价所提倡的系统、反复与合作的实施主旨。即使质询程序恢复应有的状态，并且所有的工作均交由专业测评员与口才极佳的法律顾问完成，似乎也为时已晚了。

注释及参考文献

1 This chapter, as with this book in general, does not deal with EIA in Northern Ireland where a completely different, highly centralised, planning system operates.

2 There is no room in a work of this kind to deal in detail with the full legal and organisational structures of the public inquiry and appeal system. For a comprehensive discussion of the system readers are recommended to refer to Carnwarth, R, B Hart, A Williams and His Honour Judge G Dolby (1990) *Planning Appeals and Inquiries*, 4th edn. London: Sweet & Maxwell.

3 *North Wiltshire District Council v Secretary of State for the Environment* [1992] P & CR 137.

4 Frost, R and A Frankish (1995) *Directory of Environmental Impact Statements July 1988–September 1994.* Oxford: School of Planning, Oxford Brookes University.

5 *Ibid.*

6 This chapter also draws on previous work by the author, published as Weston, J (1994) Assessment at the appeal cutting edge, *Planning* 1075.

7 Planning Inspectorate, T/APP/P0810/A/92/207638, 6 August 1993.

8 Scottish Office, P/PPA/SQ/336, 6 January 1992.

9 Fleischman, P (1969) Conservation, the biological fallacy, *Landscape*, Vol. 18, pp 23–27.

10 Weston, J (ed) (1986) *Red and Green: The New Politics of the Environment.* London: Pluto, p 2.

11 Welsh Office, SJG/LR/3/530/89, 17 September 1990.
12 DoE APP/C2300/A/91/190801, 11 June 1992.
13 Planning Inspectorate, APP/J3530/A/90/165751-174227, 2 December 1991.
14 Welsh Office, APP45-36, 10 December 1993.
15 *Gateshead M.B.C. v SOS and Northumbrian Water Group plc* [1994] 67 P & CR 179; DoE (1994) PPG23: *Planning and Pollution Control.* London: HMSO.
16 Weston, J and M Hudson, (1995) Planning and risk assessment, *Environmental Policy and Practice,* Vol. 4, No. 4.
17 Milne, R (1994) Thin green line on pollution, *Planning* 1077.
18 DoE (1994) *op. cit.*
19 *Ibid.*
20 Section 1(2) Environmental Protection Act 1990.
21 Guidance aims to clarify interface of planning and pollution controls, *ENDS Report,* July 1994.
22 DoE (1989) *Environmental Assessment: A Guide to the Procedures.* London: HMSO.
23 DoE, APP/U3100/A/90/17268, 15 April 1992.
24 *Ibid.*
25 DoE, APP/F4410/A/89/126733, 11 November 1991.
26 *Ibid.*
27 Planning Inspectorate, APP/F1800/1/93/222851, 21 January 1994.
28 DoE, APP/K9530/A/89/145489, 2 November 1992.
29 DoE, APP/V0700/A/89/137357, 2 November 1992.
30 DoE, APP/X9520/A/90/152522, 26 November 1992.
31 Welsh Office, P1/185, 11 February 1993.
32 Welsh Office, P34/919-P34/971, 4 February 1993.
33 *Ibid.*
34 DoE, APP/Y1300/A/89/125808, 22 May 1990.
35 Welsh Office, SJG/LR/3/530/89, 17 September 1990.
36 *Ibid.*
37 DOE, SW/P/5224/220/2, 16 August 1991; DoE, SW/P/5411/220/4, 4 August 1991.
38 DoE, APP/G4240/A/91/190553–556, 7 January 1993.
39 DoE, APP/C2300/A/91/190801, 11 June 1992.
40 DoE, APP/R2900/A/91/183605, 20 August 1992.
41 DoE, APP/U3100/A/90/17268, 15 April 1992.
42 DoE, E1/W0530/2/4/03, V0510/2/4/03, G0500/2/6/03, G0500/2/6/04, G0500/2/6/05, G0500/2/6/10, 5 March 1992.
43 DoE (1988) MPG1: *General Considerations and the Development Plan System.* London: HMSO.
44 DoE, SW/P/5411/220/4, 4 August 1991.
45 DoE (1990) PPG16: *Archaeology and Planning.* London: HMSO.
46 DoE, YH/5115/219/14, 28 September 1992.
47 Welsh Office, P34/919-P34/971, 4 February 1993.
48 DoE, SW/P/5224/220/2, 16 August 1991.
49 DoE, APP/V4305/A/91/191817, 15 June 1993.
50 DoE, APP/V0700/A/89/137357, 2 November 1992.
51 DoE, APP/K9530/A/89/145489, 2 November 1992.
52 Glasson, J (1994) EIA – only the tip of the iceberg?, *Town and Country Planning,* February, pp 42–45.
53 Tromans, S (1991) Town and country planning and environmental protection, *JPL,* Occasional Paper 18.

第七章

环境影响评价监测与审核

理查德·弗罗斯特

引言

自英国引入环境影响评价规范后，大部分的实践以及公开的调研工作都在评价过程的早期就已展开，直到作出决策才结束。不过，这也取决于英国政府对环境影响评价所采取的态度以及他们实施正式环境影响评价各步骤的方式。在与英国现存的审批制度相结合后，环境影响评价的这种程序化特性似乎被过分强调，而同时原本应给予更多重视的环境影响评价方法及对项目本身的评价结果就被忽略了。过分重视环境影响报告及它的质量使得人们的注意力只集中于环境影响报告中给出实际结果，而在提案审核通过后就不再关心项目后续可能会出现的状况。实际上，一个完整的环境影响评价过程还应该包括后续的监测与审核过程，这样才能对项目运行进行跟踪并得到一些重要的反馈结果。其实，环境影响评价中所涉及的工作应该更注重于评价过程中所出现的问题而不是最终的结果。而环境评价策略（SEA）的发展可能会使这种对后续随访工作的忽略有所加剧。

本章将对英国环境影响评价实践中监测与审核工作的实施状况进行考察。其中将主要对那些隶属于规范的项目进行考察，并就规范发挥作用前后随访工作对项目评价的作用进行简单的介绍。在对立法简要回顾后，还将给出一些术语的严格定义。另外，为什么在环境影响评价中要采用后续随访工作的理由也将在此提出。由于环境影响评价监测与审核工作是一项大花费的工作，因此关于节省潜在财政预算的问题也将在此提出。对环境影响评价中后续随访工作的研究不是这个领域中的新课题，但是在近期该研究却似乎被遗忘了。在本章中将以苛刻的眼光来回顾那些曾经对环境影响评价审核所作的研究。将以案例分析作为辅助手段来探讨近期研究中的一些发现，尽管这些发现可能只是比较初步的。随后给出顾问们就近期项目审核工作的实施状况所作的概要。基于近期的研究以及顾问工作所得到的成果，随同所举的案例还将提出一些在实践中非常有效的方法。本章的部分内容反映了英国评价中的预测偏差如何出现，随后还将着眼于偏差在英国环境影响评价的意义。本章的结论将概括那些研究中的重要发现及伴随问题所出现的关键点。

一些定义

弄清环境影响评价监测与审核中的一些术语的含义非常必要。诸如环境影响这类处于实践摸索阶段的新领域存在的共同特征是领域内一些术语的含义还比较模糊。环境影响评价中“效应监测”可被定义为重复（或持续）地对选择的环境参量进行测量并记录其变化，以此评价开发项目所产生的效应。“影响审核”则是要求对效应的预测结果与实际项目运行中或其后实际的影响进行比较。用“效应”这个词似乎比“影响”更确切，正如杜因克(1989 年)[1] 所提出的，影响是不能直接监测与审核出的。从学术的角度来说，影响预测中由项目运行后得到的项目设计趋势与不涉及项目的设计底线趋势是有区别的（图 7.1 中的 Pe 与 Pb 线）。当趋势不断地延伸，如果仍没有项目

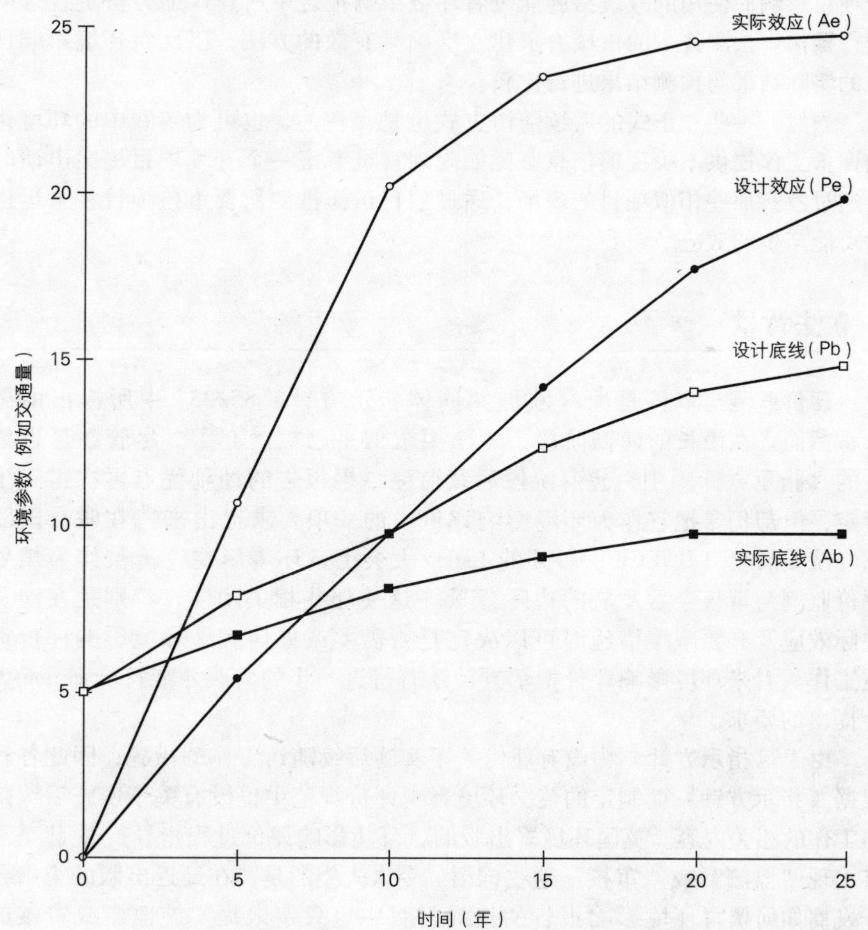

图 7.1　影响直接监测的不可行性，摘自杜因克（Duinker，1989 年）

提供任何相关的信息，则设计底线趋势的具体走向就无人知晓了（至此实际底线将取代了设计底线）。而环境影响报告实际上就为项目提供了一个设计底线的趋势。在项目运行中选取一点用来检验该趋势线的准确性，我想一定是个有趣的测试。

效应监测是效应审核中不可或缺的一部分；不过在实施中却不可将这两个过程进行替换。通常而言，审核是一种较离散的一次性工作，涉及与原始目标的比较。本章所讨论的主要是项目环境影响评价的审核，考察由项目运作而出现的所有效应。这里也包含了对那些未经预测的效应以及已预测但在项目运作中没有出现的效应实施考察。汤姆利森（Tomlison）与阿特金森（Atkinson）（1987 年）[2] 曾提出了其他一些不同形式的环境影响评价审核工作，本章将选择其中的两种来进行讨论。审核工作的实施保证了项目及为减少项目影响而使用的减缓措施能按着环境影响报告中所建议的方法更合理的进行操作。预测技术的审核力求建立准确且有效的方法，以此对环境影响评价的实际结果与预测结果进行比较。

当然，一些非正式的后续随访方式也是存在的，也可为实践中的环境影响评价工作提供不少反馈信息。比如规划官员考虑一个开发项目提案申请时会通过考察那些相似项目的现场，通过项目运作推测所要审核项目将来运作时可能产生的效应。

立法背景

评价监测与审核是原《欧洲共同体指示方针》85/337 中所提出的要求；然而，在漫长的磋商阶段，这个要求似乎已被抛弃了。尽管在最近修改的《指示方针》中，磋商阶段后续监测结果报告的种种优点再次得到了肯定，但却仍未把它作为环境影响评价中的一项要求提出来。[3] 在联合国欧洲经济委员会（UNECE）召开的 Espoo 大会上，环境影响评价被作为规划评价监测与审核今后发展的边际背景。[4] 这使那些相关团体，特别是在涉及边际效应及必要减缓措施时可以决定是否需要或如何实施环境影响评价审核工作。看来环境影响评价指示方针还有待进一步的修改才能符合 Espoo 大会提出的要求。

由于《指示方针》中没有任何关于实施后续随访工作的措施，因此各种根据《指示方针》而制定的英国环境影响评价规范中也没有关于实施后续随访工作的相关内容。英国环境署出版的《环境影响评价过程指导》[5] 中甚至没有出现“监测”或“审核”这些词语。令人失望的是，在最近出版的为指导开发商如何撰写环境影响报告的指导材料中也只字未提实施监测或审核的方案。[6]

政府认为英国现在环境法规中有不少提出要实施环境影响监测，这可以有效地规范环境影响评价中所要求的各项任务，从而减少那些成本高且不必要的评价程序。其中主要的法规都是根据1990年提出“综合污染控制（IPC）与废物管理许可”概念的《环境保护法案》而制定的。按照法规条款的要求，申请开发的项目通常需要对污染排放进行监测。类似地，项目要获取涉及从水体中提取或向水中排放的许可，也需要根据1991年《水资源法案》的进行监测。不过，这些零星的要求无法替代环境影响评价中有效的后续随访工作。监测的要求只针对于污染源的直接排放，而没有考虑“远程排放”影响。任何监测手段对于控制污染的有效范围都是有限的，一般都集中于一些主要的环境影响“受者”，而不是着眼于项目所产生的所有影响及它们之间的相互作用。当然，这种监测行为也只应用于项目的运营阶段，而忽略了项目建造及逐步废弃阶段。

根据规划法规的要求，监测需求的条件可作为规划许可的附属部分。1/85函件[7] 中提出了如下5种用来检验这些条件有效性的方法：（1）与规划相关；（2）与开发商相关；（3）合理；（4）确定；（5）可强制执行。另外，对于符合其他诸如IPC的相关法规而提出监测需求的条件是无效的。而规划协定（S106s、S50s）中涉及监测需求的规定也有待重新审核。尽管至今还未制定一种全面的“一体化”法规，不过欧洲经济共同体制定的生态审核与管理大纲[8] 以及大英国标7750[9] 多多少少都发挥了环境影响评价后续随访工作的作用。至于环境管理审核制度的建立却还需要若干年的时间，并且审核工作也仅局限于处于运作周期中的项目。

1992年末，《欧洲共同体指示方针》90/313中有关开放环境信息的规定被引入到英国的法规中。[10]当然这也只局限于处于运行周期中的项目。这项新的规定将有助于环境影响评价监测与审核能在自愿的基础上执行。

实施环境影响评价监测与审核的理由

后续随访审查的要求使得项目的环境设计即便是在酝酿阶段也可以对不足之处进行完善。而实施环境影响评价监测与审核的最主要原因是可以进一步推动环境设计工作的开展，不仅仅着眼于获取开发项目许可。在有些情况下，常常会对项目环境设计进行持续性的修改，这些修改有时并不仅仅是局部的微调，也可能是全面的调整。现今的项目环境影响评价忽略了许多更广泛的持久性问题。环境影响评价中的效应评价能在地方出现严重环境问题的初始阶段或处于环境容量极限时起到指示作用。在某些情况下，它还能在那些不可预料的不利影响的萌芽阶段把它们探测出来。另外，一些审核预测技术能帮助校验环境影响评价方法，还可用来检验减缓措施的实施效果。

从保护环境需要的角度而言，上面所提到理由都非常充分。然而，值得指出的是开发商以及政府还有其他需要考虑的因素，比如如何降低项目成本、促进工业发展等等。环境影响评价所引起的额外成本也就顺理成章地成为了开发商最为关心的因素。一部分是因为项目开发本身就存在着是否能通过审核的风险，另外开发项目的前期成本也会招致高利率的贷款。国家环境署指出，英国规范所提出的实施后期环境影响评价检测的要求会给开发商带来许多不可接受的额外成本，也会导致与其他的规范要求互相重叠。长期的监测无疑会给项目带来高昂的花费；然而，由此产生的潜在财政收益却很少被人重视。与环境影响评价前期成本相比，这种后期投入成本的风险性要小得多，并且监测的费用也可从项目运行回报中获取。通过效应监测，项目后期阶段一些不必要的减缓措施可以避免，而这实际上也为项目开发降低了成本。另外在有些案例中，这种效应监测的建立也可使开发商在项目效应未出现前无需为采取何种高成本减缓措施而担忧。项目运行阶段中实施的环境影响评价审核可以帮助识别项目中无谓的材料或资源浪费，从而降低项目成本。最后，环境影响评价监测有助于污染排放责任制的建立，从而可避免昂贵的诉讼费，这也有助于减少日益增长的污染保险费。

在讨论环境影响评价最佳实践法时很少会提及环境影响评价任务中相对资源开发的问题。可以这样说，在环境评价中从初始提供给全面底线分析的资源到最终为更好实施效应监测与管理而给与的资源都应实行重新分配。在已达成协定的《指示方针》修订案中不多的建议为改进环境影响评价范围提供了指导依据。环境影响评价体系在受到越来越多关注的同时也使得更多的资源可被投入于评价的后续随访工作中，这样评价范围要求与监测要求之间也不再没有关联了。

开发商应该将部分资金用于环境影响评价后续随访工作的另外一个重要原因是在后续随访工作中所得到的结论或收获可以用来支持开发商今后对类似开发项目所提出的开发申请。这也就可以解释为什么那么多越是活跃的开发商越积极于环境影响评价监测与审核。

过去的环境影响评价审核研究

在英国，目前涉及环境影响评价后续随访工作及减缓措施的研究真是少之又少。其中部分是由项目操作期限与研究所需要时间的矛盾所引起。通常而言，很少有项目会有足够长的运作时间能满足评价项目影响所需要投入的连续时间，而另外许多减缓措施效果的好坏也决定于实施时间的长短。不过，值得说明的是，现今许多环境影响评价规范的有效使用期限为 7 年，因此上述的研究空缺并不能完全归因于项目运作时间的限制。

1980年一支阿伯丁大学的CEMP研究小组开始对一系列项目实施环境影响评价审核的可行性进行研究。[11]在经过大规模调研后，他们选中了4个用于研究的项目，分别是：萨洛姆（Sullom）海湾油港、弗洛塔（Flotta）油港、考格林（Cow Green）水库以及雷德卡（Redcar）钢铁厂。研究中的一个重要发现是在对这4个项目影响所做的全部预测中，只有10%的预测可以进行审核；每一个项目影响预测的准确率在50%至60%之间；然而研究中没法得出预测的普遍偏差的结论。为什么只有那么少的预测可以接受审核呢？主要有如下的原因：环境影响报告中的预测结果很模糊；在环境影响评价过程后期才对项目设计进行优化；缺少适当的连续监测数据。另外在案例中还发现，许多项目的监测方法实际上与效应监测并无关联。值得注意的是，那些未列入环境影响报告中却仍发生的影响的数量很少。研究表明，除非在环境影响评价过程的早期就考虑监测与审核的各项要求，不然环境影响评价审核工作就很难开展了。

在这次的研究中，如果能把更多的项目作为研究对象，就可以得到更有价值的研究结果。由于为该研究提供资金支持的机构进行移交的问题，这次的审核仅仅针对项目对自然及物质环境的效应展开，因此不能代表一个完整的项目环境影响评价审核。研究报告中也没有阐明究竟利用了哪些严格标准来评判预测结果的准确性。由于研究者们没有就造成预测结果准确性差的原因作进一步的探究，因此该研究是有局限性的。此外，在研究中未涉及环境影响评价审核研究中由来已久的疑难问题——预测审核难度与预测准确性自相关问题，由此许多人对该研究的研究方法提出了质疑。通过对环境影响报告中预测结果质量的系统检测可以帮助了解预测陈述的清楚程度是否与观测准确性之间存在着相关性。

在环境影响评价审核的一些主要研究中，美国西北大学的研究者们曾在1970年代中期对美国开发商所递交的具有代表性的29份环境影响报告中的预测部分进行了审核。[12]一份对环境影响报告中的预测所作的分析报告表明，这些预测中有超过86%的内容存在着这样或那样的不严密之处。因此这里似乎用“预报”这个术语比“预测”来的更确切。研究者们利用找到的监测数据对其中15%的预报进行了检测。而大约只有50%的预报与实际的监测结果相近或至少在模糊预报允许的范围内。不过，在检测中还发现预报中基本上没有出现明显不准确，也几乎没有出现不可预料的项目效应。这些研究结果基本上与早期英国CEMP的研究结果一致。

1970年代后期，澳大利亚的研究者们对提交上来的所有环境影响报告中的预测结果进行了检测。[13]每一个预测结果的准确性都通过用实际效应与预测效应的比值来作为标准化结果，来实现各不同种类效应预测准确性间的比较。研究发现，所有预测结果的准确率为44%，这意味着实际观测效应与预测效应在平均数量上正好相符。另外，研究还发现，项目效应越严重则预测准确性越低。污染物排放预测比环境质量预测的准确性高。

近期环境影响评价评价监测与审核研究

项目描述的审核

项目说明书审核实际上是环境影响评价所执行的审核工作中的一种，它的目的在于监督项目是否按照环境影响报告中所建议的方式来进行操作。有必要在这里再提一下，CEMP 小组的研究发现在许多案例中对预测无法进行审核的原因是对项目设计的修改过迟。最近，研究人员就那些已提交环境影响报告的项目在设计中的修改之处分级进行了研究。[14]其中共挑选了 30 个较典型的项目作为研究样本。研究表明，这 30 个样本中有 15 个项目在提交了环境影响报告后才对项目设计上进行各种形式的修改，表 7.1 列出了各项目在设计上的一些修改。研究中的一个重要发现是大约有一半以上经修改后的项目没有再接受环境影响评价的审核，并且 1/3 的项目在进行设计修改时也没有经过更进一步的磋商。一些项目的环境影响报告质量非常糟糕，尽管如此，对项目设计所作的修改主要还是出于有利环境发展的考虑，而不仅仅为了提高报告的质量。在近期的其他研究中还发现有近一半的项目是在递交环境影响报告后才实施项目设计修改的。[15]

对北安普敦郡的科比(Corby) 联合循环气体涡轮机发电站项目所作的设计修改是一个对项目进行实质性修改的典型例子。图 7.2（*a*）为环境影响报告中作为开发申请之用的项目现场规划图。图 7.2（*b*）为最终得到地方规划局批准的开发项目规划图。这两幅规划图是按同一比例同一方位而绘制的，因此读者可直接对其进行比较。可以看出，主要改动有两处：一处是对冷却系统作了改动，另一处是改变了出入通道的方向。由于该项目在环境影响评价早期阶段所开展的磋商不充分才造成如今必须对冷却系统设计进行修改。环境影响报告并没有对冷却设备放置的位置提出异议，其中部分原因是由于该冷却设备临近艾伊河（Eyebrook）水库，而水库水就自然可作为冷却用水了。实际上，该水库应属于特殊科研区域，由于开发商在项目最初磋商中误选了自然保护委员会（NCC）中的一家分支机构，使得在项目申请阶段没有人对此提出异议。当意识到这点的时候，自然保护委员会决定对冷却设备在取水过程中产生的生态效应，特别是对水禽影响效应实施额外的评价，并就此对递交的申请提出了反对意见。项目顾问承担了该评价工作，1989 年 5 月在他单独递交的一份文件中说明冷却设备并不会产生重大的影响。不过，这并不能消除自然保护委员会委员们的疑虑，也无助于打破这样的僵局。最终开发商提议对冷却方式进行改造，把原本的用水冷却方式改成空气冷却。接着开发商以信函的形式就项目设计修改后可能造成的效应正式向地方规划局作了通报，规划局同意了这些设计变动并通过了项目的概貌设计。

30个典型项目样本提交了环境影响报告后的项目设计修改情况[14]　　表7.1

	项目类型	主要改动
1	北安普敦郡科比市燃气蒸汽联合循环（CCGT）发电站	将水冷却过程改为空气冷却。 重新设计场地规划
2	亨伯赛德郡（Humberside）基灵霍姆（Killingholme）燃气蒸汽联合循环（CCGT）发电站	重新设计并重组涡轮机模块。 重新设计场地规划
3	肯特郡格雷恩岛（Isle of Grain）燃气蒸汽联合循环（CCGT）发电站	重组涡流机，提高容量。 对场地规划进行变更
4	沃里克郡 Ling Hall 采石场	对地形和土地使用的美化方案做出重大调整，包括增加挖掘与填埋的规模
5	北安普敦郡多丁顿市（Doddington）渡口采石场	基于新美化方案重新分配从娱乐业到农业的土地
6	什罗普郡（Shropshire）西蒙市（Symon）露天煤矿	基于新美化方案重新分配从农业到娱乐业的土地
7	康沃尔郡（Cornwall）德拉博尔市（Delabole）风电场	对涡轮机叶片数量进行改进
8	波伊斯郡（Powys）兰迪南市（Llandinam）风电场	对相同位置的涡轮机进行重新选址
9	北安普敦郡布拉克米尔斯镇（Brackmills）可口可乐工厂	变更库存系统，大规模减少建筑物高度 削减用水需求量。 重组，包括将部分开发区改建为分布式仓库
10	牛津郡考利市（Cowley）罗弗（Rover）汽车车间改建工程	车辆高速路适应性的重大调整，重组
11	康沃尔郡A39公路韦德布里奇（Wadebridge）支路	提高卡默尔河口（Camel estuary）上桥的高度
12	萨里（Surrey）布莱克沃特谷（Blackwater Valley）通道（中心区段）	重新设计便道的线路，以保护草场栖息地
13	格洛斯特郡（Gloucestershire）科茨沃尔德（Cotswold）水上公园度假村	重新选定和管理湖面以保护生态环境， 住所的大规模迁址
14	伯明翰（Birmingham）科尔斯希尔（Coleshill）污泥焚烧系统	降低烟囱高度
15	汉普郡博特利（Botley）危险废弃物转运站	大规模减少需要被贮存的污染物的范围和数量

图 7.2　北安普敦郡科比（Corby）联合循环气体涡轮机发电站项目

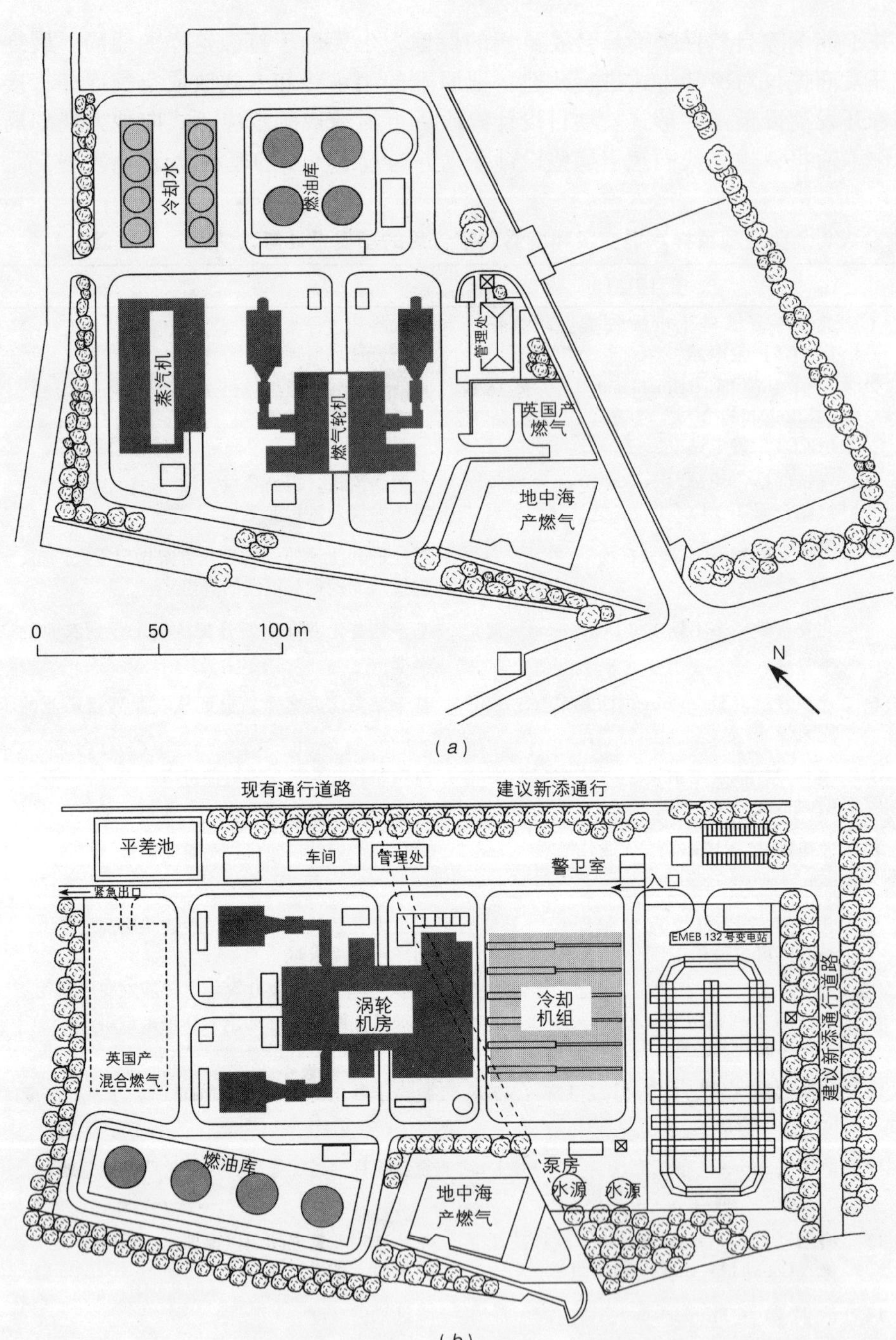

图 7.2　北安普敦郡科比（Corby）联合循环气体涡轮机发电站项目

（*a*）环境影响报告中的项目现场规划图，1988 年 9 月；（*b*）最终被批准的开发项目规划图

该项目出入通道的改变提出于提案的问题保留期。地方规划局希望能建造一条直通的道路来连接临近归属于规划局的一块土地和项目的北部入口。这样，就需要对发电站的规划布局作很大的调整。不过这些调整在没有重新接受任何正式环境影响评价和进一步磋商的基础上就得到了规划局的通过。

在临近沃里克郡拉格比（Rugby）的 Ling Hall 飞机场被用作垃圾填埋场后，开发商又提出了开发该地为砂砾挖掘场的提案。这个提案是项目设计修改于递交环境影响报告后的又一个典型例子。原本该地应作为农业用地，而后被用作建造飞机场，在未改造之前原机场的停机坪和跑道依然保留着。对项目的设计改动在提交了环境影响报告后才执行，其中包括一些推荐的重建和景观设计方案。环境影响报告提出了保留垃圾填埋场周围原机场跑道的意见［图 7.3（*a*）］。在环境影响报告中还提到的重建战略，它的基本目标是通过建造一个 9 洞的高尔夫球场和另一包括钓鱼湖的自然保护区的方式为地方居民提供一个娱乐场所。所保留的跑道则可方便人们直接从外面进入这里的娱乐区。

开发商在递交环境影响报告前与地方规划局进行了磋商。不过规划局在充分考虑了该提案后还是建议申请者拆除飞机跑道以创造一个更合适的地形布局，并留出更多的空间用于垃圾填埋和砂砾挖掘［图 7.3（*b*）］。为实现规划局所提出的这些建议，原本的规划方案就需作相应的变化。这样原提案中的自然保护区面积将被缩小，而建造钓鱼湖的构想也不得不放弃。随后，在对项目作进一步设计修改时开发商又舍弃了建造高尔夫球场的方案。从图 7.3（*a*）和图 7.3（*b*）的比较中可以看出，修改后的规划方案是把整个重建战略从原本开发娱乐设施的重心转移到了农业开发上去了。项目的这些设计变动没有接受过任何正式的环境影响评价，也无法知晓这些变动会产生怎样的潜在效应（正面的或负面的）。那些曾在项目开发早期阶段参与项目磋商的规划顾问们也再没有接到过开发商就重建提案的修改或增加垃圾填埋面积所可能造成的潜在效应的问题提出的咨询。而上面所提到的这些潜在效应很可能会带来一些影响力较大、较严重的问题，比如拆除机场跑道时的噪声问题或者机动车流量剧增的问题等等。

一些人认为，相对于环境影响报告中其他部分的内容，项目描述部分总体而言质量还是比较高的；不过研究发现，许多环境影响报告真正的使用期都很短。不少一线规划者都承认，提交环境影响报告后才对项目设计进行修改的情况见怪不怪。而在环境影响评价规范中并没有提到过任何操作机制以支持这样的做法，并且在不少研究特别是早期 CEMP 小组的研究[16]中就已把这种做法作为环境影响评价中所存在的问题而被提出了。这也正是反映环境影响评价引入现成的许可程序后遭遇的最好例证。另外，在环境影响评价后

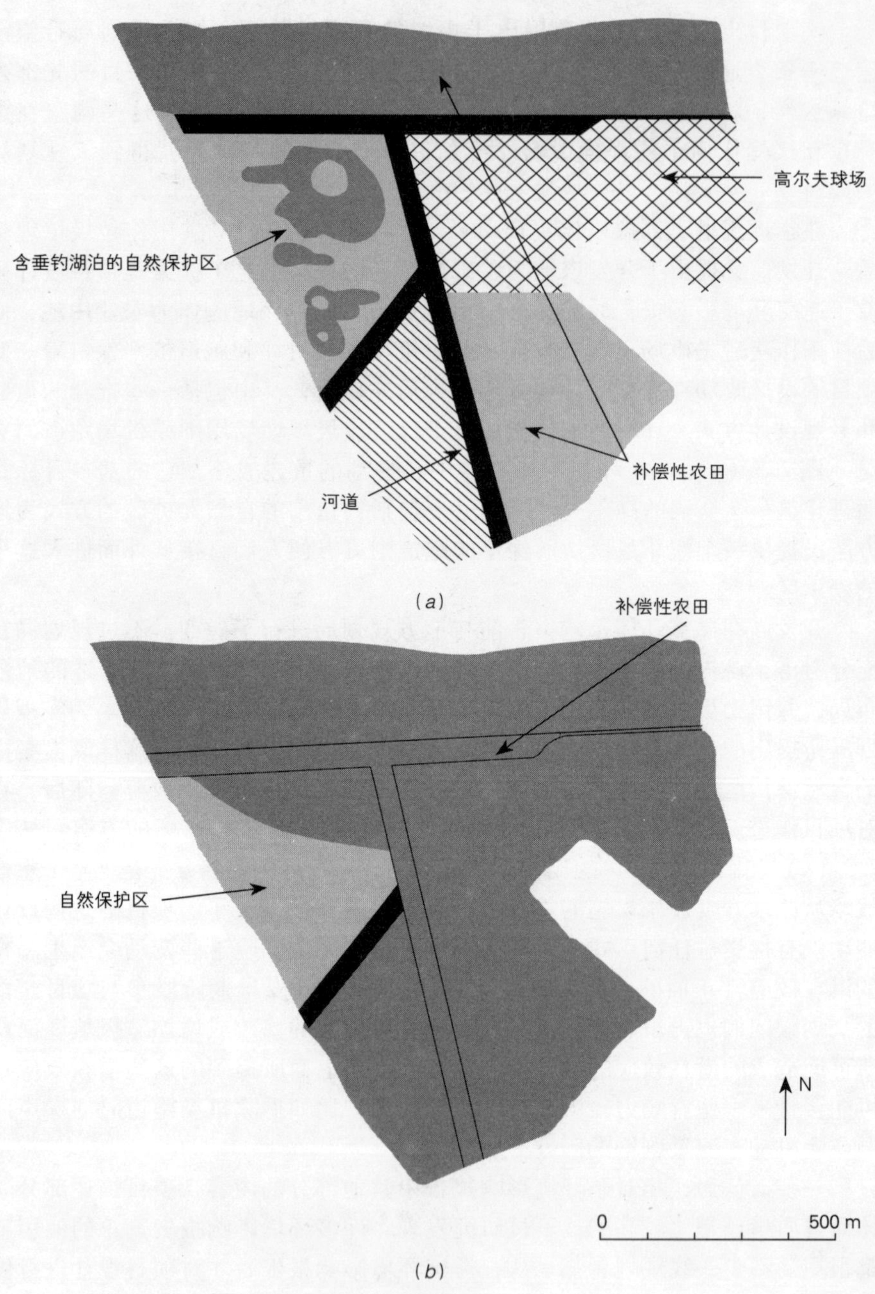

图 7.3

(*a*) 环境影响报告中的 Ling Hall 采石场重建计划设计方案，1990 年 3 月；

(*b*) 最终得到批准的 Ling Hall 采石场重建计划设计方案，1990 年 8 月

期阶段由于一些操作缺乏透明度，在不少案例中出现了因公众对项目审核过程报有猜忌或怀疑情绪而造成不良影响的情况。地方规划局试图改进申请方式而非改变申请方式来解决这个问题，但总显得力不从心。不过，如果能对环境影响评价规范进行一些改动，比如要求在环境影响报告后增加附录以记录对项目设计的修改及相应的评价结果，那么就可以巩固并确立现存环境影响评价实践工作在规划体系中的地位。

环境影响报告中的监测方案

为了研究监测方案在环境影响报告中所处的地位和所起的作用，研究者们对700份较具典型性的环境影响报告以及摘要（选自环境评价研究院公布的《环境报告摘录》[17]）的内容进行了分析。研究中发现，大约有30%的环境影响报告中提出了至少一处项目中需要接受进一步监测的地方。分析表明（图7.4）记于环境影响报告中的监测方案所实施的监测范围过于狭隘，其中也只有很少一部分的案例对某些类别的效应实施了监测。监测类别及方法很大程度上取决于项目性质。比如对垃圾填埋场的监测主要侧重于渗滤液、填埋气体以及水质问题，而不可能去考虑其他诸如交通、噪声或者生态这样的

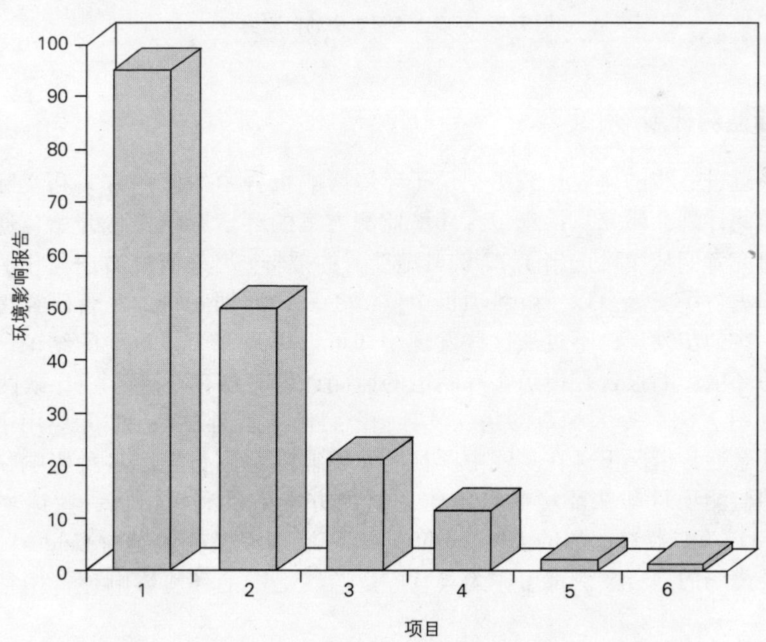

图7.4　环境影响报告中项目需要接受监测之处的数量

问题。另外，不同专长的顾问所也会在环境影响报告中提出与其专长相关的监测方案，这样就可在后续的监测中突出他们在某一监测领域中的水平。分析中得出的另一个结论是水质监测（环境监测中的一种）是最常实施的一种监测方案，使用机会比大气监测或溶液释放监测方案多（图7.5）。

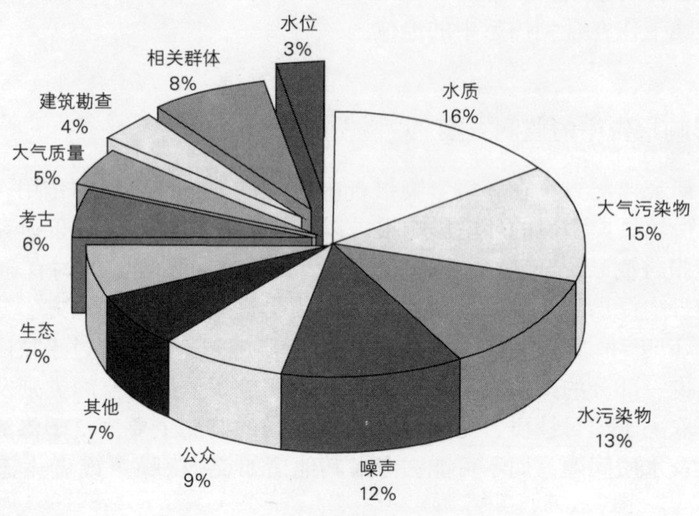

图7.5 环境影响报告中的监测类型

实际监测计划

最近进一步的研究比较了记录于环境影响报告中的监测方案和实际操作中的监测计划。研究从挑选包含环境监测方案的环境影响报告开始，通过比较，研究者们从中挑选出了17例典型项目的报告。另外研究员还与相关地方规划局进行了交流，以了解各项目中监测工作的计划安排。尽管研究得到的只是一些初步发现，不过从这些发现中却可以得到一个很重要的结论，即有30%的环境影响报告在记录实际制定的监测计划时都存在着“短斤缺两”的趋向（图7.6）。令人惊奇的是，没有一个案例的监测方案在实际应用中会一无所获。通常情况下，在实践中项目的实际监测范围覆盖了各种影响，而其中有些监测项目却在环境影响报告的监测方案中没有提出。一些诸如塞文（Severn）第二渡口、加的夫（Cardiff）海湾堤坝以及科尔德（Calder）山谷污水焚烧场的项目案例都可作为具有广泛监测范围的环境影响评价中很好的范例。

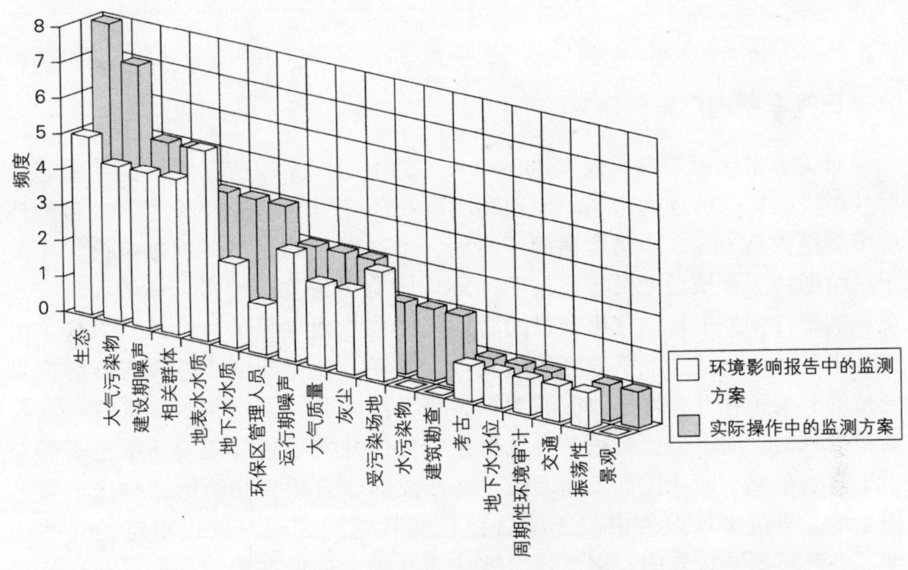

图 7.6　环境影响报告中的监测方案和实际操作中的监测计划比较

环境影响报告中出现"短斤缺两"现象的主要原因是许多监测工作都需在符合规划条件（或得到规划许可）或者获得 IPC 授权后才可开展。不过需要指出的是，该研究并没有探究项目监测是否与环境影响评价监测与审核要求相适应或者达到标准。实际上，在一些案例中项目并不需要接受监测，因为不少地方规划局都只在项目出现问题时才要求提供监测数据。

视觉影响与减缓措施的审核

近期对评判视觉环境影响评价是否恰当的研究工作包括审核项目产生的效应及采取的减缓措施。[18]由于只有少量的项目接受了审核从而造成了研究结论的一些局限性，不过从中也得到了如下一些一般性的结论。后续随访的研究证实了项目设计通常都会在递交了环境影响报告后作出改动。对项目现场的监察表明视觉影响常常会被低估甚至被忽略，而这在项目存在许多其他潜在影响因素或项目开发现场远离居民区的案例中显得尤为突出。不过，这些案例大多都会包含减缓措施。

近期的项目审核工作

丰田汽车制造厂案例研究

对位于德比郡伯内斯顿（Burneston）的丰田汽车制造厂的研究主要是针对其经济效应、劳动力市场、土地利用以及环境影响而进行的。[19]该项目的环境影响报告是为规划申请草案而撰写的，不过有趣的是该环境影响报告中关于后续随访工作质量的要求比早期的环境影响报告要高得多。一般而言，环境影响报告无外乎是确定出项目的时间安排并指出项目的社会经济效应。由于其中对于项目社会经济效应的预测过于模糊，使得即使审核报告能够提供充裕的有关实际社会经济效应的数据，仍无法检验预测结果的准确性。在与结构规划的预测进行比较后，审核报告中提出开发项目的规模还不至于需要上千住宅单元，而德比郡工业园区所需开发的联合项目却恰恰缺少这上百公顷土地。不过审核报告中关于项目存在的其他问题却只有很粗略的一些说明。在环境影响报告中，交通效应被认为是重大的潜在影响。这点与审核报告中提出项目施工阶段 A38 高速公路段车流量将受到严重影响是一致的。另外环境影响报告中还声称项目的排放物不会超过许可的指标，然而在实际项目的施工阶段排放水质还是超过了许可限值。

风电场建设审核

这个案例主要是研究开发项目的景观与生态效应以及公众对三个风电场建设的不同阶段所持的不同态度。[20]尽管研究中过于强调项目本身的建设工作而不是检验环境影响报告中预测的准确性，不过这代表了一种后续随访工作的有效研究方法以检验项目建设中的效应，而这些效应在审核工作中常常被忽略。此外，研究中还选择一些没有开发风电场的区域，以控制区域范围的方法考虑附近居民对于开发项目产生环境效应的反应。研究的一个重要发现是已建成的风电场所造成的视觉影响距离要大于预测距离 15km。而以往即使这个距离超过 15km 也不常实施区域视觉影响分析。审核的结果证明项目所产生的生态效应比较小。并且社会调查也表明公众对于风电场的建设报以支持的态度，那么该开发项目的环境效应被认为可接受。

不过，由于客观条件的变化，研究发现根据冬季对项目视觉影响监测方法的不同而结果会有所变化，另外那些重要的发现很大程度也是基于其中某个风电场项目的审核结果而得出的。

建设中的项目审核研究

能源技术授助集团参与了几个另外的风电场调研工作。对波伊斯郡凯迈斯（Cemmaes）风电场项目效应的审核就是其中的一项。调研工作对项目开发过程中各阶段所产生的一系列效应，包括视觉、噪声、生态、交通以及经济产出效应进行了审核。一些新兴的技术被用于审核视觉预测准确性以及生态的修复效果。在社会形态效应研究报告公布不久后，审核报告也即将被发表。[21]

最近视觉预测审核技术正被运用于8个风电场开发项目中。这8个开发项目审核后，发现它们产生的视觉效应普遍没有项目建设监察报告中所叙述的那么严重，而一些视觉影响是由夏季薄雾造成的。[22]德拉博尔（Delabole）风电场开发前后还接受了项目噪声效应审核，审核结果将在近期公布。另外诸如对环境影响报告中该风电场产生的视觉、噪声以及电磁干扰效应的预测结果检验工作已完成。[23]这些审核结果表明，尽管改变了风电场中所使用的涡轮类型，环境影响报告中的那些预测结果仍具有相当的准确性，而噪声预测结果也确立了它“最佳预测方案”的地位。

对非隶属于环境影响评价规范项目实施的后续随访工作

风电场开发项目只是在最近才被加入为环境影响评价规范表2的开发项目。不过，对那些前面提到的风电场开发项目的各种操作也都是按照环境影响评价规范的要求而进行，因为让开发项目接受正规环境影响评价的要求已得到了地方规划局与开发商的认可。下面的部分将就一些主要的审计案例进行分析，从中可以了解到这些项目的初始评价工作在环境影响评价规划作用起效前是如何运作的。

赛兹韦尔 B PWR（Sizewell B PWR）建设：对当地社会经济效应的监测与审核

撰写环境影响报告的目的自1980年代中期就从公众质询上发生了转移。不过，预测结果与减缓措施方案仍可从一系列的质询报告中找到。[24]发电站的建设工作自1987年正式开始，核电气公司也于1988年承担了该发电站的监测工作。对该发电站的审核工作在环境影响评价领域是一次非常有意义的实践，也非常有助于环境影响评价实践的进步。该审核工作触动了当前实践中的薄弱环节：社会经济效应评价、建设效应以及监测。项目建设的第一个6年监测报告至今仍未发表。[25]工作的关键部分是对当地就业效应所开展的深入监测，而这是许多社会经济效应的基础。在经过了相对很长的一段时间、监测工作也被反复重复了许多次后，监测数据终于从各种不同的来源处被收集起来。另外研究中还就项目对周边居民所产生的感知效应进行了监测。

研究发现，由于对项目内雇员结构评估中有相当多的地方都被低估了，因此用于赛兹韦尔 B（Sizewell B）项目公众质询阶段的许多预测结果都是不准确的。不过出现预测结果不准确的原因也可能是对当地经济二次效应的高估而造成的。[26]根据预测，雇员结构顶端的 1/3 应为当地居民，而实际的比例却是偏高的。由于在公众质询阶段所作的评价工作中没有认识到项目施工期产生的噪声影响可能是当地一个非常严重的问题，因此可以说评价工作并不成功。一般而言，对当地居民的调查显示他们所认为的项目负面效应要大于正面效应，而日益加剧的交通（或施工工人带来的扰乱）问题被认为是主要的负面效应。增加的就业率以及贸易收益可被作为主要的正面效益。

本次研究除了对预测结果进行了审核，还完成了如下工作：对数据库进行了编制以给其他的评价工作［如对临近地对新 PWR 评价、赛兹韦尔 C（Sizewell C）的评价］提供有用的信息并更好地实施项目管理，包括核查项目评价条件等。

道路评估后续随访工作

由 Rendel Planning 领导的一个顾问小组于 1991 年对主干道的交通效应实施审核，结果为“运输与道路研究实验室”所用。[27]他们挑选了 4 条在 1983 年至 1986 年间经过调查的主干道用于本次的研究工作。挑选准则之一是交通期望等级可与实际基本接近，而这点可能会限制一些非常具代表性的问题出现。研究员们对《环境评估手册》（MEA）大纲中记录的预测法进行了审核。尽管在后续随访工作中所用到的环境评估方法是在环境影响评价规范起效前就已用的，不过随访中的一些发现却与道路环境影响评价工作有着特别的关联。这是因为早期的环境影响报告（1988 - 1993 年）大多都是基于 MEA 大纲所提出的方法而撰写的。研究员对每个研究对象的物理效应进行了调查（大多为噪声、大气污染、生态、交通等级以及土地利用变化）。研究还针对那些对自然界所产生的长期效应（比如生态效应）与相关专家进行深入探讨以验证这些效应是否与预测的一致。同时他们还采取了问卷调查的形式以确定是否还存在他们所未预见的其他效应。在此次研究中所运用的方法除了可考查感知效应外，还有其他作用。这种方法试图寻找造成预测不准确的潜在原因，并且它也可为道路监测方案确定出更有效的监测步骤。

在研究中发现，在 60% 的 MEA 预测报告所记录的效应中，有 5% 是基于现有 MEA 分析技术及调查问卷的反馈而得出的。并且所有的 MEA 预测条目中也只有12%被确认为错误率高于5%。剩余的88%的条目由于它们在MEA大纲中不严密的表述而无法对其进行基础审核。通常出现预测错误的原因主要是计算误差产生后在其他外界因素影响下发生一些不可预见的变化。有意思的是，在一些案例中最初底线调查的不准确被确认为造成预测错误的原因之一。此外，在MEA大纲中最主要的失误是忽略了对如下效应进行预测：烟气效应、交通管理效应及对一定范围内的公共设施所产生的效应。

曼彻斯特地铁交通审核

曼彻斯特地铁交通审核工作是一个对大曼彻斯特快捷轻便的运输系统的开发项目所产生的项目效应实施全面审核的例子。[28]在对该提案的实际效应进行评价后，研究人员还将其与1983年经对运输系统评价后所作出的预测进行了比较。他们还采取了标准化的方法来检验各预测结果的准确性。而那些被确认为重大的效应，可决定地铁运行是否还可继续。通常情况下，审核工作并不会识别出任何不可预见的效应，并且其中一些效应实际产生量确实也很低。特别是在地铁运行期间，它对曼彻斯特市中心所产生的直接视觉效应比预测的还要低。同样的，在其中两条线路中所产生的直接噪声及电磁干扰效应低于一种预测方案的预测值。

环境影响评价监测：实践得到的一些有用建议

以下的例子是从近年来的一些研究，特别是对环境影响报告中的监测方案进行内容分析的研究中所得到的一些成功的环境影响评价实践案例。

在对环境影响报告中涉及项目描述部分实施审核研究后所得的发现表明环境影响报告应更注重于对那些可决定项目最终特性的不确定性因素的确认与记录。而若项目设计需要进行改动，那么进一步的环境影响评价工作是不能被忽略的。另外这些工作还应以文件形式作为附录附于环境影响报告后，进一步的环评工作也需与顾问进行磋商后才能实施。举个例子，格林岛上所建造的CCGT发电站就曾重新设计，放弃了设计中一个允许使用原油的开放循环回路以实现完全闭路循环的设计。随后一份全面的附录附于原始环境影响报告后被一同递交。[29]不过即使如此，发电站最终的设计仍被认为是不确定的，随后项目设计中的可选方案又接受再次评估。对于每一个环境接受者而言，项目的评价工作都针对于项目设计对接受者产生最坏情况而展开。举个例子，在作视觉评价时主要针对设计中最高排放烟筒的影响进行评价，而对当地大气污染进行评价时则针对的是那些排放废气的烟筒中排放量对当地产生的最大效应。

环境影响报告中的预测结果应非常明确地注明出它与相关监测工作的关系。值得注意的是，在那些环境影响报告审核方案中［如李（Lee）与科利（Colley）1990 年所提的方案[30]］很少强调环境影响报告各相异部分间的衔接问题；而该方案所提倡的却是利用分章研究的方法来实现对环境影响报告的审核。使用触发级作为评判标准是实现此审核方案的有效方法。就以巴金（Barking）区域新建的 CCGT 发电站为例，根据环境影响报告中的预测，由发电站的冷却管所排入泰晤士河的流体不会使排入口河流达到 21.5℃的临界温度。对临近冷却管道实施温度监测的提议被提出，监测结果一旦证明预测不准确，那么备用的空气冷却系统将取代液体冷却而被运行。[31]

记录于环境影响报告中的监测方案应包括如下内容：监测某一特定效应实施时使用的是何种环境参量；谁将担当实时监测的任务；在何处、以何种间隔时间来读取监测数据；如何记录最终结果并发布。然而，英国却只有很少一部分的环境影响报告能在监测方案中提供如此详尽的信息。为彼得黑德（Peterhead）海湾的港口扩展项目而撰写的环境影响报告中就提供了一份涵盖了如上详细信息的监测方案，以此作为环境管理规划的一部分。[32]把监测方案写入环境影响报告的好处在于它能够使决策者及相关顾问对整个项目有一个全面的了解，从而为项目改进提出更好的建议。[33]

通过对环境影响报告中的监测方案与实践中的监测安排进行比较后所得到的研究发现表明，环境影响报告应更明确的说明那些由其他法规或许可机构要求实施的监测。这样的例子通常可以在那些用于多种申请目的（比如为获取规划认可与排放许可）的环境影响报告中找到。一些大型的顾问机构更善于处理受其他环境规范主导的环境影响报告。这是因为他们越来越多地参与到开发项目申请前期及后期的工作中去，并且大多会为了同一个项目。

底线监测最理想的开始时间应在项目开工前。为使每种效应的审核都不出现错误，那么就需要选择足够的时间序列来测量各种环境参量的自然可变性。而通常这样的情况多出现于那些对现存项目进行扩建的案例中。就拿塞奇希尔（Sedghill）垃圾填埋场扩建项目为例，由于在扩建前原填埋场所产生的填埋气及渗滤液底线效应已得到了监测，因此在扩建时就已存在很好的底线。[34]不过，项目前后的监测并非效应审核中的惟一方法。对控制地（比如那些环境相似但未受开发项目影响的地点）的监测可作为效应监测的一个参照进行比较，尽管这种方法相对而言比较少用（可能是因为需要双倍成本的缘故）。比如在调查公众对风电场开发项目的态度时，调查工作也常常会在那些远离风电场地方的开展。在对德拉博尔风电场所产生的感知效应的审核中，研究人员就采用了前期、后期以及控制地这三种方法对其进行监测。[35]另外，水质的监测也需针对排放源上游及下游两处来实施。[36]

一般情况下在项目早期阶段所实施的监测频率相对要高一些。以科尔德山谷污泥场炉项目为例，最初的建议是每半年对项目的环境管理进行一次审计，但后来这个审核频率就降为每三年一次了。[37]

在项目前期执行阶段应对其实施全面的监测，随后监测频率可逐步降低，而监测的重心则可转移到那些重大效应上。在加的夫海岸建造拦河坝项目的案例中就采用了这种方法监测洪水范围。项目前监测对 130 个地下凿洞的地下水位进行了测量，而稍后阶段的监测工作则只是测量敏感区域的 35 个地下凿洞。[38]另外，监测安排也应把监测重点放在那些在预测及管理中存在最大不确定性的地方。

如果可能，对某一效应实施监测时所要依据的信息最好是来源于多处（至少大于一处）。这样才能对那些作为监测之用的数据进行核实，而最重要的是这可保证较少存在于监测过程中的不确定性。如果调控机构也参与实施监测，那么就需要协调好监测安排以防止监测周期的重叠。在 Lount 垃圾填埋场开发的案例中，开发商提议对流入邻近河流中的水溶液以每月一次的频率进行监测。同时国家河流署也提出以每月一次的频率对其进行监测，很快他们就定下了各自监测的时间，而每两周交换一次监测责任方。[39]

随着越来越多的环境现场官员在项目建设阶段受雇于项目中，这成为了更好建立环境影响评价队伍与建设队伍间联系的有效手段，同时也是开发商与当地相关团体之间的联络者。第二塞文交叉口与布莱克沃特（Blackwater）山谷公路就能很好的说明这点。现场官员可以发挥如下职责：保证环境影响报告中提出的措施能完全实施，对现场环境执行程序的审核，并重审那些经设计修改后产生的环境效应。[40]

环境影响评价体系应与环境管理体系（EMS）紧密地结合起来，这就意味着除评价外还需定期对项目实施环境审核。环境影响评价——一种实践法则再加上各种认证条件就构建了环境管理体系的底层基石。[41]环境影响评价可用来确定出需要实施管理的各种效应，同时环境影响报告中的底线数据则为环境管理提供了基础。实践法则确立了项目的开始和目标，而认证条件为项目的开端确立了将要进行注册的环境标准。至今为止，很少有环境影响报告接受任何进一步的审核，而上述的科尔德山谷污泥焚烧场项目的案例为此提供了一个很好的例子。那些当时对该项目实施环境影响评价的顾问们已开始着手对远地的大气及地表进行每 6 个月一次为期 3 年的监测工作。[42]比灵赫姆（Billingham）的废物处理设施项目环境报告是符合环境管理体系要求的另一个实例。[43]

环境影响评价监测与审核：更深层次的寓意

很明显，对预测结果的检验是环境影响评价作为一种评审程序可信度的主要预示。环境方面的相关团体（特别是地方级别的相关团体）常常以一种愤世嫉俗的态度来对待环境影响评价。提出争议的理由常常是开发商总是在环境影响报告中过高估计项目效益而又尽可能回避或减少项目产生的负面效应。如果这是事实，产生这种情况也部分归因于当时的环境背景因素。环境影响评价过程被作为《欧洲共同体指示方针》的引申引入到英国现有的决策体系中去。欧洲其他的认证体系与英国是不同的。在欧洲其他地方，规划体系通常需要申请者提供全面的信息，同时最后的决策也是经过严格审查才能作出。在英国，规划体系要求提供某一方面的特定信息并由其自身对全局进行把握，而决策却常常存在着对抗性。[44]当英国的开发商被要求实施环境影响评价时，他们不得不采用欧洲的这种多全面少对抗的方法来对开发项目实施评价。最近根据环境影响评价法规而对评价方法所作的改变，特别是正式的评审过程还未被采用，造成了预测偏差的出现。这时就更需要环境影响评价的监测与审核过程来确定是否已经出现了预测偏差。

环境影响评价的监测与审核过程同样也有助于英国环境影响评价的理论发展。由于正式的环境影响评价工作只是近期才开始在英国发展，许多研究并不能把实践与理论正确的联系起来。环境影响评价体系自1960年代初在美国建立以来已发展了一些非常成熟的理论体系。这说明理性的决策者如能得到准确而全面的信息，就能作出最优化的决策。引入环境影响评价的一个主要目的在于能为决策者提供更好的信息，而这直接来源于以上的理论。现今所开展的其他一些研究主要是针对决策者们，分析他们是否能理性地作出各种决策。对环境影响评价审核的研究检验了所提供信息的一些特性。结合这些研究成果，新一轮的研究将关注于合理的理论是否仍能坚持支撑环境影响评价在英国的实践过程。也许研究结果将预示着英国的环境影响评价重心应从努力“优化决策”转移到“优化后决策管理”上去。

结论

在对环境影响评价的监测与审核工作进行回顾后，得到了如下一些普遍性的要点。以往的研究表明在环境影响评价中所实施的审查工作还存在着一些内在的问题。在那些可以检验的预测中，准确率只有50%左右。一个重要而平常的发现是几乎没有出现过不可预料的项目效应，这说明环境影响评价在识别环境效应上非常有力。而近期越来越多对视觉及景观效应的研究表明，环境影响报告中关于视觉效应程度的估计都大大低于了实际情况。不过，这些开发商确实也普遍采取了一些视觉效应的减缓措施。环境影响报告中的项目描述常常只有很短的寿命期，因为在随后的项目开发阶段需要对项目设计作一些改动。尽管缺乏环境影响评价监测方面的环境影响评价法规及相关指导，但在研究中还是发现有30%的环境影响报告中给出了一些形式的环境监测方案（虽然只是针对很小一部分的环境效应），这点非常鼓舞人心。初步研究表明了实践中的监测安排在数量上就要远远大于在环境影响报告中所提出的监测方案，相对而言它能对每个项目所产生的效应实施更全面的监测。

在对近期由顾问们所负责的环境影响评价审核工作进行回顾后，也出现了一些值得思索的现象。在一些案例中后续随访工作无论是实施质量还是严格程度的标准都比早期的评价工作要高。这也正反映了实践者们的经验越来越丰富，职责相对更集中。参与早期环境影响评价工作的顾问们有时候会受雇于实施后续随访工作。这就会出现涉及客观性的问题，不过这或许更适合于那些环境影响报告中充斥着许多主观判断的案例。最后要说的是，在大部分的研究及回顾中都没有强调应对出现特定审查结果的深层原因进行分析。而希望后续随访工作可给出效应反馈，正是需要注意的关键问题。

注释及参考文献

1 Duinker, P N (1989) Ecological effects monitoring in environmental impact assessment: what can it accomplish?, *Environmental Management*, Vol. 13, No. 6, 797–805.

2 Tomlinson, P and S F Atkinson (1987) Environmental audits: proposed terminology, *Environmental Monitoring and Assessment*, Vol. 8, pp 187–198.

3 Commission of the European Communities (1994) Proposal to amend EC Directive 85/337/EEC, *Official Journal*, Vol. C130, No. 37, 12 May, Brussels.

4 Sheate, W (1994) *Making an Impact: A Guide to EIA Law and Policy*. London: Cameron May.

5 DoE (1989) *Environmental Assessment: A Guide to the Procedures*. London: HMSO.

6 DoE (1994) *Draft Guide on Preparing Environmental Statements for Planning Projects*. London: Land Use Consultants, HMSO.

7 DoE (1985) Circular 1/85: *The Use of Conditions in Planning Permissions*. London: HMSO.

8 Commission of the European Communities (CEC) (1993) Council Regulation (EEC) No. 1836/93 allowing for voluntary participation by companies in a Community eco-management and audit scheme, *Official Journal*, Vol. 168, 10 July, Brussels, pp 1–18.

9 British Standards Institution (1994) *Specification for Environmental Management Systems, BS 7750:1994*. Milton Keynes: British Standards Institution.

10 The Environment Information Regulations 1992, S.I. 1992 No. 3240, 31 December.

11 Bisset, R (1984) Post-development audits to investigate the accuracy of environmental impact predictions, *Zeitschrift für Umweltpolitik*, Vol. 7, pp 463–484.

12 Culhane, P J, H P Friesema and J A Beecher (1987) *Forecasts and Environmental Decision Making: The Content and Predictive Accuracy of Environmental Impact Statements*. London: Westview Press.

13 Buckley, R (1991) How accurate are environmental impact predictions, *Ambio*, Vol. 20, No. 3–4, May, pp 161–162.

14 Frost, R (1993) Planning beyond Environmental Statements, MSc Dissertation. Oxford: School of Planning, Oxford Brookes University.
15 Wood, C and C Jones (1992) The impact of environmental assessment on local planning authorities, *Journal of Environmental Planning and Management*, Vol. 35, No. 2, 115–127; Lee, N, N F Walsh and G Reeder (1994) Assessing the performance of the EA process, *Project Appraisal*, Vol. 9, No. 3, September, pp 161–172.
16 Bisset, R, *op. cit.*
17 Institute of Environmental Assessment (1993) *Digest of Environmental Statements*. London: Sweet & Maxwell.
18 Mills, J D (1992) The adequacy of visual impact assessments in Environmental Statements, MSc Dissertation. Oxford: Oxford Brookes University.
19 Ecotech Research and Consulting Ltd (1994) Toyota Impact Study summary, unpublished.
20 Chris Blandford Associates (1994) Wind Turbine Power Station Construction Monitoring Study, in association with the University of Wales for Countryside Council for Wales, February.
21 Energy Technology Support Unit (ETSU) (1994) Cemmaes Wind Farm: Sociological Impact Study, Market Research Associates and Dulas Engineering, ETSU, March.
22 Stevens, R (1995) Dulas Engineering Ltd, personal communication, March.
23 Wood, G (1994) An investigation into the environmental impact of windfarm developments, BA Dissertation. Cambridge: University of Cambridge.
24 Department of Energy (1986) *Sizewell B Public Inquiry: Report by Sir Frank Layfield*. London: HMSO.
25 Glasson, J, A Chadwick and R Therivel (1989–1994) Local socio-economic impacts of the Sizewell B PWR Construction Project, First to Sixth Annual Monitoring Reports. Oxford: Impacts Assessment Unit, School of Planning, Oxford Brookes University.
26 Glasson, J, R Therivel and A Chadwick (1994) *Introduction to Environmental Impact Assessment*. London: UCL Press.
27 Rendel Planning (1992) Techniques for environmental monitoring: an assessment of the accuracy of four MEA frameworks, Draft Final Report to Transport and Road Research Laboratory, unpublished.
28 Jones, C and N Lee (1993) *Post-Auditing in Environmental Impact Assessment: The Greater Manchester Metrolink Scheme*. Occasional Paper 37, Manchester: Department of Planning and Landscape, University of Manchester.
29 Applied Energy Services Ltd (1991) AES Medway Generating Plant Environmental Impact Statement Addendum. Prepared by Trevor Crocker and Partners, May.
30 Lee, N and R Colley (1990) *Reviewing Environmental Statements*. Occasional Paper 24, Manchester: Department of Planning and Landscape, University of Manchester.
31 Barking Power Ltd (1990) Barking Reach gas power project, Environmental Impact Statement. Prepared by Ashdown Environmental Ltd, December.
32 Peterhead Bay Authority (1992) West End of ASCo south base development, Environmental Impact Statement. Prepared by Peter Fraenkel BMT Ltd, April.
33 Petts, J and G Eduljee (1994) Integration of monitoring, auditing and environmental assessment: waste facility issues, *Project Appraisal*, Vol. 9, No. 4, December, pp 231–241.
34 Northumberland County Council (1988) Sedgehill landfill extension, Environmental Impact Statement. Prepared by Northumberland CC Waste Disposal Section, December.

35 Exeter Enterprises Ltd (1993) Attitudes to windpower in Devon and Cornwall, Report.
36 Northumberland County Council (1988) *op. cit.*
37 Yorkshire Water Authority (1990) Calder Valley sewage sludge incinerator, Environmental Impact Statement. Prepared by Environmental Resources Ltd, February.
38 Cardiff Bay Development Corporation (1988) Cardiff Bay Barrage Bill, Environmental Impact Statement. Prepared by Environmental Advisory Unit, November.
39 Midland Land Reclamation Ltd (1992) Lount landfill scheme, Environmental Impact Statement. Prepared by Golder Associates, June.
40 Hill, M (1994) Impact monitoring in EIA: the Second Severn Crossing. Paper at the Institute of Environmental Assessment's 3rd Annual Conference, September.
41 Allett, T (1993) From assessment to audit. Paper presented at the Conference EIA in the UK: Evaluation and Prospect, University of Manchester, April.
42 Yorkshire Water Authority (1990) *op. cit.*
43 Northumbrian Environmental Management (1993) Proposed municipal waste-to-energy facility on the Process Park, Billingham, Cleveland, Environmental Impact Statement. Prepared by Environmental Resources Management, August.
44 Cowan, A (1994) Local authority review and decision-making. Notes of lecture to MSc/Diploma course in environmental assessment, Oxford Brookes University, 22nd February.

第八章

环境影响评价与污染控制

伊丽莎白·斯特里特

引言

来考虑这样一个场景。这是1990年圣诞节的前一周，建设管理官员正努力想在节前完成所有的工作。而此时两份附带环境影响报告的规划申请摆到了他的面前。这两份申请都是有关建设燃气发电站的，一座是位于伦敦东部的巴金发电站（Barking Power），设计功率为1000MW；另一座是位于格林岛的AES梅德韦发电站（AES Medway），设计功率为600MW。尽管这两份申请都将由工业与贸易部来处理并作出决策，不过在这之前这两份申请都须经过肯特郡议会的审核，并要确认肯特政府对提案没有任何反对意见。乍一看涉及这两个项目所产生的大气影响信息似乎有些矛盾。简单的数学计算方法表明如果一个发电站的规模是另一个的2/3，那么从这两个发电站所排放气体的量也就可以比较了，即那个较小的发电站的气体排放量是大的2/3。

这样，在圣诞节假期中就可以考虑如何处理这两份申请，接着必须对申请进行评价。设计中一座发电站在另一座的下风口，并且这两座发电站都处于肯特市区的西北边。而主导风向的问题决定了这两座发电站很可能会影响大气质量，因此累积影响的计算在此就被提出了。另外，为了使肯特郡议会开发一种易被理解并有较好利用性的方法，计算未来所有可能对肯特大气质量产生影响的开发提案的累计影响，就有必要建立一套理论体系。

在接下去的18个月中，东泰晤士走廊有5份焚烧场及4份发电站共9份项目申请被提交。本章将就肯特郡如何解决大气污染与项目申请审批的问题进行详细说明，这里还将对若干问题做出解释，包括为什么需要与法律顾问及其他相关团体就大气污染方面的问题进行磋商，最初的两个发电站提案如何得到规划许可，为什么不是所有包括焚烧场与发电站提案都能得到批准等。最后将说明肯特郡的大气质量管理系统是如何建立并发展起来，以及如何被运用于评价其他涉及大气污染影响的提案的。

本章的最后一部分将扼要说明肯特郡如何扩展出大气质量建模与监测的新方法，如何协调管区与中央政府间的合作关系，并推动肯特郡成为回应政府最近宣布“地方当局应当建立大气质量体系”的理想地区。

这样，建设管理官员就不再需要为如何处理肯特郡的发电站及焚烧场项目申请提案而烦恼了。

涉及大气污染影响的法规

根据《欧洲共同体指示方针》85/337 的第 3 条规定：环境影响评价必须识别、描述、并评价“项目产生的直接或非直接效应，包括大气效应”。[1] 因此，对上述发电站提出需要他们提供项目气体排放及排放后可能产生的影响的要求是正确的。欧共体法规提出，有必要对项目开发中所产生的累积影响进行评价。所以肯特郡议会应坚持对大气污染的累积影响实施评价。

在对一份规划申请实施环境影响评价时，肯特郡议会规划部采用了一种相当严格且具系统性的方法。该方法共分为四个步骤：

- 由内部专家或顾问对环境影响报告进行技术性审核；
- 权衡来自法律顾问及当地相关团体的反应；
- 分析是否需要开发商提供额外信息，并考虑应该要求他们提供什么样的信息；
- 对开发商提供的额外信息进行分析并评审，随后将这些信息记录于委员会报告中并就申请是否通过规划许可作出批复。

对大部分规划项目的环境影响报告所作的技术性评价在规划部内部就可处理大部分的环境信息。环境及规划区域限制地图可由规划部工作人员自行制定。交通影响、噪声影响、考古及生态顾虑也可在规划部内进行处理。而大气与水质量的问题却比其他问题要难解决得多，因为规划部对于处理此类问题没有什么经验，因此每次在遇到此类问题时他们都会求助于国家河流署与英国皇家污染检查所。

综合污染控制（IPC）授权

在一项将处理废物排放河流的案例中，开发商向国家河流署申请排放许可证。那些被划分为隶属于 1990 年《环境保护法案》（EPA）的案例在申请时需获 IPC 授权，因此开发商首先应获得授权。这个申请授权的过程是与申请规划许可过程分开的。开发商通常在开发阶段后期才申请授权，晚于规划申请阶段。申请 IPC 授权时需要考虑技术、工业过程，对工厂运作时间的限制以及允许烟囱排放、排入河流/下水道、实施土地处置的污染物排放量。一般而言，开发商会在皇家污染检查所及国家河流署授权处理过程前获得规划许可纲要。

IPC 授权过程是基于开发商在工业开发过程及废物处置过程中是否把涉

及开发提案的两种标准完全考虑而进行的。这两种标准分别是：项目开发过程符合“最佳可利用且不过度消耗技术”（BATNEEC）的要求，废物处置过程符合“最佳环境选择”（BPEO）的要求。

IPC 授权的审批并非环境影响评价的一部分。该法规是肯特郡根据《城镇与乡村规划法案》解释后的结果。而环境影响评价的实施也只是被作为审核规划许可过程的一部分。不过，在为获取规划许可对申请及环境影响报告审核时皇家污染检查所是作为其中的一个法律顾问团体而承担着此类职责。因此，在此过程中肯特郡议会也会以另一个法律顾问团体的身份向环境污染检查所征求他们对开发项目环境影响报告的意见。

来自皇家污染检查所的回应

当要对发电站以及焚烧场的申请进行审批时，很显然审批者需要明白发电站或焚烧场的运作过程以及最终排放对土地、水及大气所产生的影响。

英国环境署的磋商文件中所记录的有关规划与污染控制（1992 年）的规划政策指引中指出污染控制部门与规划局间的紧密磋商是必需的，这样才能保证污染控制部门在对污染影响作出评判前就已对任何需修正的要求有一定的了解，并理解为什么需要做这些设计修改。

在皇家污染检查所审批授权程序的发展过程中，所有的开发项目都需由他们审批授权，因此他们的压力非常大。当被要求对附有环境影响报告的规划申请提出意见时，皇家污染检查所作出的回应是申请若能符合 IPC 的要求，是适合考虑同意授权的。不过这并不意味着皇家污染检查所已对规划申请各方面进行了非常细致的考虑，实际上在申请者正式提出申请 IPC 授权前，皇家污染检查所基本上不会对申请中的细节部分作任何考虑。不过他们可能会希望项目在设计或布局上有所改变，比如烟囱的高度等，这样可以尽量避免可能产生的环境影响。另外，除非开发商在开始时就选择同时申请 IPC 的授权，否则那些项目上的细节问题在规划申请阶段就不会被提出。

皇家污染检查所有一些环境参考标准及一个模型来处理多排放源排放的问题。这意味着如果皇家污染检查所已就这一方面的信息与肯特郡议会进行过沟通，并且他们能实行法律义务对环境影响报告作出评论的话，肯特郡议会很快就能对申请作出答复。这样可以避免因提供给规划局的信息不充分，申请在公众质询阶段被否决的遭遇。在本章将提到的一个案例中，肯特郡议会规划附属委员会不得不推迟对申请作出决策的时间，因为该申请项目中可能出现的大气污染影响还需由皇家污染检查所作进一步审核。

很显然，如果皇家污染检查所不对发电站与焚烧场开发项目的规划申请作出回应，也不提供有关大气质量方面的信息，那么地方当局在处理这类申请上将投入相当大的费用及精力，并且用这些不充分的信息来处理此类申请也是相当困难的。在本章的两个开发发电站的案例中，皇家污染检查所认为这两份开发申请适合于授权条件，因此皇家检查所对开发提案也没有再给出进一步涉及累计影响的信息。

肯特郡议会反对巴金发电站提案的原因是，在随申请一起提交的环境影响报告中指出开发地周围氮氧化物（NO_x）的背景值已超过欧盟设定的氮氧化物标准。对于格林岛 AES 梅德韦发电站的提案，规划附属委员会允许在该案例中把钱用于聘请顾问来评审大气污染影响的做法，并且他们希望同时能建立一个北肯特郡的大气模型用以评价北肯特郡更多开发提案的累计影响。由于建立模型及评价大气累计影响需一段时日，对 AES 梅德韦发电站的决策日期也延后了一段时间。

AES 梅德韦发电站的提案确实在提出规划许可申请的同时也申请了 IPC 授权，最终当把提案条件输入模型并对其进行评价后，肯特郡议会可以以此向贸易与工业部申报并用以此支持申请。

北肯特郡大气质量模型

北肯特郡大气质量模型在建立时定位于以燃煤发电站、燃油发电站、组合循环气体涡轮装置及垃圾焚烧场为主要服务对象。

这些装置会排放出各种类型的物质，包括颗粒物、二氧化碳、一氧化碳、金属粒子、酸性烟气以及碳氢化合物等。北肯特郡大气质量模型建立的目的也在于要综合考虑氮氧化物（NO_x）和二氧化硫（SO_2）的影响，这两种物质是上述装置所排放气体中普遍含有的。在氮氧化物（NO_x）中最常见的两种初级污染物为一氧化氮（NO）和二氧化氮（NO_2）。NO 在大气中与氧（O）原子发生反应后就会转化为 NO_2。在这一领域的研究中，保守派的观点是所有的 NO_x 均为 NO_2。而实际上统计表明，在烟囱所排放气体的 NO_x 中有 10% 为 NO_2，而超过 10% 的 NO 在这个大约为 1km 高的烟囱中会转化成 NO_2。因此从某一特定排放源所排放出来的 NO_2 的地面浓度将达到排放气体 NO_x 浓度的 20%。

北肯特郡模型所覆盖的范围西至肯特郡与伦敦交界处东至梅德韦河（Medway）河口，北至 M20 高速公路南至泰晤士河。在这范围内还包括了达特福德（Dartford）、Gravesham、罗切斯特（Rochester）行政区一部分，而吉林厄姆（Gillingham）和斯韦尔、塞文欧克斯（Swale、Sevenoaks）与梅德斯通（Maidstone）就占了 1600km^2 的土地。这一范围的地面海拔高度也从临近泰晤士河的低洼平原到北部高地。地形学在对肯特郡的污染状况进行定位时起了相当大的作用，因此在建立模型时也应考虑地形对污染物扩散的影响。

有人提议将曾经使用的范围从伦敦到肯特郡的INDIC[2]模型进行扩展，但由于该模型在建模时未考虑地形影响，所以这个提议很快就被否决了。

在肯特郡对AES梅德韦发电站的大气污染影响实施评价前，开发商被要求对开发现场方圆5km地区的 NO_x 及 SO_2 的背景等级进行监测。监测中需用25根扩散管测试 NO_x 浓度、5根喷气式管测试 SO_2 浓度。这样的监测工作至少需要持续1个月，若测试结果没有代表性，监测工作还需继续进行。

当时有关肯特郡污染背景等级的信息非常少，因此实施污染背景监测就显得尤为重要，以了解监测结果是否与预测背景数据可比。不过大家普遍认为以这样的方式估算背景等级还是比较粗糙的。

随后，烟囱的排放信息及监测信息被输入美国国家环境政策法案ISC长期大气质量模型中。这个模型可以预测所提议的项目运行中高烟囱排放后可能造成的影响。在该模型中使用了高斯扩散模型[3]来估算大气污染浓度。该模型覆盖范围从达特福德到锡廷伯恩（Sittingbourne）横跨北肯特郡，并且还考虑了地形差异的影响。这是相当关键的，因为在泰晤士盆地这样的地区会形成气穴，影响污染物扩散。

在利用模型进行模拟之前，一些诸如烟囱大小、高度及体积等特征值，运行中气体排放方式都应确定下来，这样模型才能完全反映气体排放后大气质量的变化。这也是开发项目所产生的累积影响评价过程中一个重要的部分。这些技术性细节涵盖了开发商申请授权需要递交于皇家污染检查所的信息，而规划署在获取这些技术性细节后可在规划阶段对可能的污染影响能作出更全面的评价。

由于这次工作的重点是要确定开发项目是否会对肯特郡造成不良的累积影响，因此作为考虑标准的是每年大气浓度的平均值。这里，短期污染事故的影响没有考虑进去（表8.1）。

模型运行所需数据 **表8.1**

ISCTL模型参数
烟囱高度（m）
烟囱底部高程（m）
烟囱平均直径（m）
出口气体温度（K）
出口气体速度（m/s）
负荷因子（%）
NO_x 释放速度（g/s）
SO_2 释放速度（g/s）

一些从现有大气质量监测站所获取的污染物背景值连同其他排放气体源的信息一起被输入模型中。模型模拟计算表明，格林岛的 NO_x 背景值为 $25mg/m^3$，而 AES 梅德韦发电站的存在把这个浓度值增加到了 $27mg/m^3$。难怪委员会作出了不会因大气污染问题对发电站提出反对意见的申明。

东泰晤士走廊的更多开发项目

在随后的 18 个月内东泰晤士共递交了 9 个建设发电站及焚烧场的申请。

组合循环气体涡轮发电站

泰晤士的盖特韦（Thames Gateway）地区提出了 4 份建设以气体为动力的发电站的申请。由这些开发项目所处的位置按从东至西的顺序来一一分析。第一项申请是位于格林尼治（Greenwich）的一座设计功率为 300 - 400MW 的小型发电站。这个申请最后被退回了。

与此正好相反，巴金发电站的设计功率为 1000MW，在那时是东泰晤士走廊最大设计发电量的一个建设发电站申请。这也是所有开发提案申请中，靠近伦敦中心最近的一个项目，因而它也最接近伦敦东部高浓度氮氧化物污染的区域。环境影响报告就这点明确提出，开发项目所处伦敦的这个区域本身存在的氮氧化物背景值就已超过了欧盟制定的标准。肯特郡议会对该项目的开发提出了反对意见，但因肯特郡并未与巴金发电站边缘直接毗邻，反对意见未能起效。该发电站最终获取了规划申请，在 1995 年 1 月开始动工。该申请也促成了两处大气质量监测站［一个位于项目所在地，一个位于贝克斯利（Bexley）］的建设，监测站的建成有助于更好地了解项目开发对大气质量的影响。

在肯特郡 AES 梅德韦的申请获得了准许建造设计功率为 600MW 发电站的规划许可，该项目也在 1995 年 1 月开始动工。不过这也是在利用北肯特郡大气质量模型对开发项目的大气污染影响实施评价后才得到批准的。

格林岛上另一个设计功率为 600MW 的金斯诺斯（Kingsnorth）发电站的申请在 1994 年 9 月就已得到了规划许可，但它直到 1995 年初都未开工。接着开发商准备为该发电站申请升级发电容量达到 700 - 800MW 甚至更高。

如果这些发电站建成，就能在泰晤士的盖特韦地区多产生 2500 - 22000MW 的电功，为肯特郡的盖特韦（Gateway）地区建起一个输入电网。不过这也为肯特郡议会带来的新的问题，在考虑能量政策的条件下，这个额外的发电量是否真的需要？难道节电真的不如增加发电量？规划部门就这些问题向能源部进行了询问。而能源部作出的答复是发电量的增加与否应由市场决定。

垃圾焚烧场

至1995年3月，泰晤士的盖特韦地区共递交了5份有关家庭垃圾焚烧场的开发申请。在德特福德（Deptford）提议建造的热能与发电组合式国内垃圾焚烧场已获取了规划许可，它是一种易操作的装置，可焚烧大量刘易舍姆（Lewisham）地区的垃圾并产生少量的电力。这个规划申请是一个成功的例子，因为它的这种就地解决方案在处理当地垃圾的同时还能发电，既节省能源又能更好地服务于社会。

巴克顿（Bacton）与Crossness地区两个建造污水污泥焚烧场的申请也得到了规划许可。建造这两座焚烧场的目的是为了符合《欧洲共同体指示方针》所提出的“禁止向海洋持续倾倒污水污泥”的规定。对于污水污泥，人们的普遍认为焚烧的处置方式比向海洋持续倾倒或作为肥料施于土地上更好。而焚烧场的建造也被认为是更好的一种环境选择。

一份建造大型家庭垃圾焚烧场的申请在贝克斯利（Bexley）的贝尔维迪尔（Belvedere）被提出。该申请随后接受了公众质询，最终申请因缺乏足够的信息而被退回。尽管开发商又提供了一些有关项目可能产生大气污染影响的证据作为补充，但国务秘书并没有在他的决策信中对提案的这些方面发表任何评论。在质询过后，肯特郡议会希望开发商能制定一份新的申请报告，以便将来继续开发改进该项目，接着也提出了信息缺乏的问题。在伦敦东区建造可焚烧1200万吨家庭垃圾的焚烧场申请中所存在的相似问题就已被很好的解决。

在诺斯弗利特（Northfleet）建造废物发电的国家电站提案

国家电站提出在诺斯弗利特建造一座废物发电焚烧场的提案。该场每年可处理700000吨的垃圾（几乎全部都是肯特郡的家庭垃圾）并产生49MW的电力。由于贸易与工业部负责处理设计功率50MW以上的发电站开发申请，因此该申请就交由Gravesham自治区政府处理，而非贸易与工业部处理。Gravesham自治区政府把该开发项目判定为“S”案例（shorthand：速记，意为肯特郡的一个案例的速记，需与郡议会进行战略磋商），因此该申请的战略决策也需由肯特郡议会来作出。

该案例的开发现场位于泰晤士滨水地区的一个低洼区，进入该地的通路十分有限。可以想像，大部分的废物垃圾只能由卡车自A2高速公路运往此地。在处理该提案规划申请时有许多因素需要进行考虑。Gravesham自治区政府聘请了一个顾问对该提案的环境影响报告作技术性评价。对于肯特郡议会而言，有必要在对项目开发地实施背景监测后，把得到的数据输入大气质量模型并以此模拟项目运行中可能出现状况。

某些区域特别是 A2 高速公路附近区域的 NO_x 背景值确实非常高，而这就使人们更加担心新开发项目将成为增加该区 NO_x 浓度的另一新来源。模型的计算结果表明，焚烧场的建成将使得该区域的 NO_x 的背景浓度被提高到 49.7mg/m³，仅仅比欧盟标准（50mg/m³）低 0.3mg/m³。

国家发电站考虑不在申请规划许可时申请皇家污染检查所的授权。因此规划委员会就此撰写了一份报告以反应建设发电站将产生的高浓度污染，不过当时撰写报告时委员会的成员们并不清楚该提案中所提到的在开发项目中运用的技术是否能被皇家污染检查所所接受。由此委员会成员们决定在未取得皇家污染研究所就该提案所涉及的大气污染影响提出任何建议前，暂不签发规划许可。最终国家电站撤回了他们的申请。

肯特郡大气质量模型的精炼

每一个所提到的案例中都显示出了肯特郡大气质量模型的价值，它作为获取污染背景值的有效工具辅助决策者完成了环境影响评价中决策过程。实际上除上述利用模型辅助分析的提案外，在该研究领域还有 3 次用此模型从其他发电站提案中获取大气质量的潜在信息。

在艾尔斯福德（Aylesford）的 SCA 文件与锡廷伯恩的凯姆斯利（Kemsley）文件中，所提到的两个建造组合热能发电站的申请案例，均为了减少对大气质量的影响而置换了装置中的锅炉。在格林岛上建造煤气发电站的提案中所涉及的大气质量潜在问题也得到了考虑，但该提案的规划申请还是没有通过。

北肯特郡大气质量模型共应用于该地区 12 个发电站及焚烧场的开发申请。模型的每一次使用，都须更新输入背景值信息。开发项目的申请无论是否得到许可，模型多多少少都需要作一些相应的改变。这意味着每一个模型都是独特的，也表现出了肯特郡大气质量变化的最新信息。若规划顾问想要复制一个肯特郡模型是不可能的，因为所有输入肯特郡大气质量模型中的信息规划顾问都无法得到。因此该模型也成为了实现模拟并预测北肯特郡大气质量变化的重要工具。

皇家污染检查所的大气质量报告

与此同时，皇家污染检查所就东泰晤士走廊地区的氮氧化物浓度等级公布了一份报告。[4] 在肯特郡总共有超过 40 个表 A 的项目获取 IPC 授权，其中包括那些可能会影响大气质量的主要发电站与一些装置。由于在授权过程中许多申请提案都存在着类似的问题，因此皇家污染检查所若能就东泰晤士走廊地区的大气质量状况发布报告，那么对于以后的申请授权过程都相当有帮助。皇家污染检查所报告的结论是所提议建造的新发电站及废物焚烧场排放的 NO_x 浓度还未突破欧盟《指示方针》限值并造成直接危害。

对肯特郡相关排放 NO_x 的工业排放源进行评价，使人们更加确信机动车辆的尾气排放是造成市区 NO_2 的主要来源。因此降低环境 NO_2 浓度值的最直接措施是控制机动车的尾气排放。作为研究的一部分，研究者们假设交通车流量的年增长率为1%－2%，计算引进催化转换装置后汽车尾气排放状况。结果显示，2000 年汽车排放的 NO_2 浓度有显著的降低（降低率约为30%－50%）。

不过要估算长远期的东泰晤士走廊地区主要由机动车尾气产生的 NO_2 浓度值就困难多了，因为这还牵涉到人口经济增长及在此期间建设的其他开发项目可能对 NO_2 浓度值的增加。至于交通量可能的持续增长所增加的 NO_2 浓度则可被机动车安装催化转换器后降低的 NO_2 排放量抵消。而城市长期发展战略方针也提出了对道路运输的需求量进行限制的要求。另外政府鼓励将模型改造并考虑该区私人机动车的影响因素。

这些工作都突出了获取污染背景值、处理涉及小型项目低量排放的问题以及对汽车尾气污染实施建模监测的重要性。实际上在该报告的结论中，东泰晤士走廊地区有70%－80%的大气污染都来源于机动车辆。

PPG23：规划与污染管理

最新版本的《规划政策导论》第 23 章（PPG23）：《规划与污染控制》就哪些方面是规划许可审批中应该考虑的、哪些是申请获取皇家污染检查所IPC 授权时需要考虑的这些问题努力进行说明。

规划授权的目的是为了保证开发符合土地利用的要求。作为授权时的实质性考虑因素有：

- 开发地点；
- 对公众适意度的影响；
- 开发项目所产生的潜在污染影响或风险是否会对其他的土地利用产生任何负面效应；
- 防止不必要的麻烦；
- 对公路或周边交通网以及周围环境的影响。

另一方面，污染控制体系还根据《环境保护法案》的第一部分明确提出，如果没有污染控制许可、执照或授权，任何交易或生产过程都不能进行。而这里所定义的污染环境指：

任何操作过程所产生的排放（排入环境媒介）行为可能对人类或其他依赖于环境生存的生物造成危害。[5]

《规划政策导论》中建议地方规划署能与皇家污染检查所就开发项目的潜在影响进行磋商，这样在审核规划时可考虑皇家污染检查所所行使的控制原则。如果条件允许，规划与IPC授权最好同时申请。

与环境影响报告一起递交的规划申请中通常都包含了开发项目对环境可能产生的影响。皇家污染检查所应对此提出意见。《规划政策导论》中的陈述是：

如果……污染控制授权对规划授权起着通告的作用。若在污染控制授权过程中为达到一致同意而拖延了授权或发放执照的时间，那么规划授权的时间也应作相应的延后直到明确了所有潜在污染问题都已被解决。[6]

换句话说，规划与污染控制这两种授权工作应协同进行以处理那些新的大型开发项目可能产生的污染影响。为此，人们尝试着建立了一个大气质量联络委员会。

肯特郡的大气质量与肯特郡结构规划

处理大气污染问题的另一方面工作从开始就直接涉及环境影响评价的过程，主要是为第三次评审肯特郡结构规划准备一些背景资料。大气质量模型的运行结果表明，在该郡的一些地区 NO_x 的背景值很高，这点成为了结构规划政策发展中的一个重要的考虑因素。ENV19 政策中有这样的一段话：

在开发前需要对项目进行规划与设计，以保证避免污染或把影响降到最小。如果这种影响不能降到一个可接受的等级或与已存在的污染影响互相作用后仍处于不可接受的等级，那么这样的开发是不会通过的。[7]

沃伦·斯普林斯实验室提供了涉及该郡大气污染背景值等级更进一步的信息。该实验室所提供排放等级的污染物包括二氧化硫、氮氧化物、可挥发有机化合物（VOCs）以及一氧化碳，并以该郡10km为单位作了网格划分。随后这些信息被标注于地图上，从图中可以看出高浓度等级的污染都出现于肯特郡的主要城镇，而乡村则普遍较低。而 SO_2 的高浓度等级区却出现于福克斯通（Folkstone）与多佛尔（Dover）两地。对这些城镇的工业根据标准工业划分原则进行分析，结果表明，城镇的大气污染并非来自工业，而可能是由于船运或甚至来源于法国。这些可能性将在下面进行讨论。

这个研究肯定了建立国家范围大气质量管理系统的必要性。很明显这种大气质量管理系统需由不止一个部门的支持，其中包括国家环境部、皇家污染检查所、行政区政府以及健康管理局。而大气质量联络委员会的建立就把这些相关团体都联合了起来。该委员会自建立以来也充分体现出了中央、郡及地方政府间合作关系的重要性和价值。

格林尼治大学的伯纳德·费希尔（Bernard Fisher）教授受雇于该委员会，承担着评审大气质量模型并为该委员会推荐适用于肯特郡大气质量管理的理想模型。根据伯纳德·费希尔教授的意见，指定了合适的顾问为肯特郡开发相应的大气质量模型。另外还根据他的意见无论是基于美国 NEPA 系统所建立的 ISCL 短期或长期模型都可被用于 ADMS 体系。最后，委托阿什当（Ashdown）环境所基于美国 NEPC 系统开发一个模型，因为所使用的北肯特郡模型也是基于该系统而开发的，这样从北肯特郡模型中得到的所有数据就可直接传入到新的模型中。

适用于整个肯特郡范围的模型对信息的要求比北肯特郡模型的要高。构建肯特郡模型的 3 组基本信息如下：

（1）根据皇家污染检查所表中进度 A 和进度 B 的程序进行汇编后得到的排放清单及由环境健康官员从肯特郡所有行政区政府处所收集到的信息；

（2）那些从国家发电站的监测信息中，从地方政府监测系统以及其他可获取的信息中所收集到的监测信息；

（3）基于 SEEBOARD[8] 及其他石油公司所提供的数据，分析出的能源应用信息。

这样，就有了一个能够更好指示出整个污染模式及二氧化碳的产出情况的工具。这个模型还会继续得到扩展，以便今后能对二氧化硫、氮氧化物以及 PM10 有更好的指示作用，并且也能运用于交通污染的分析中。这样，政府部门就能在评审开发项目提案时使用该模型对全郡任何可能存在大气污染影响的地方进行审核。另外，该模型还为政府部门提供了一种新的方式来改进或复核不同运输方式所带来的影响：比如穿越该郡的新铁路线路可能产生的效应；在梅德韦镇开发轻型高速运输线所带的影响；在肯特郡的较小型城镇建造停车及驾驶练习场可能产生的效应。如今可以非常方便地对这些开发项目所产生的大气污染影响进行评价。

不过对模型的扩展并非就此止步。大气质量管理系统还将为该郡提供集中的大气质量监测，所得到的数据则可用来校准并更新模型。而那些影响着大气质量的未来规划决策信息也将被用于更新模型。

对跨海峡污染的研究

早期对于该郡排放清单的研究表明在福克斯通和多佛尔地区的二氧化硫浓度非常高。这并不是当地工业造成，也很显然与汽车尾气排放无关。可能的原因是来往船运的污染或这种污染直接来源于法国。这些发现使得有机会与法国北部加来海峡大区（Nord-Pas-de-Calais）的大气质量方面的专家进行沟通和交流，并有很大的收获。法国在环境监测方面非常具有竞争力，仅仅在法国北部加来海峡大区就有45个监测站。他们对寻找由于海峡隧道存在可能导致的污染浓度变化非常有兴趣，也很善于测量臭氧浓度。

另一方面肯特郡也开发了一种非常具竞争性的大气质量模型并且把它作为一种规划工具。也开始对这些污染进行了监测，尽管与法国的监测力度还差得很远，但从系统中也获取了大多数的排放数据。

建立大气质量联络委员会以及与法国的对手的会谈均意味着英国已具备应用欧盟INTERREG计划的能力来发展跨边界污染问题的研究。

结论

肯特郡在大气质量管理方面的经验

欧盟法规要求伦敦方面改变其在处理废物时所使用的方式，不允许废物再投入海中。这就要求当地寻找另外的替代方式来处置污水污泥。为了实现废物处置方式的改变也为了缓解市场压力，提出了建造焚烧厂的提案。另外建造新燃气发电站的申请也是在煤气价格及高压输电网剩余电量发生改变后而被提出的。在出现了这些变化后，有9份存在潜在大气污染影响的开发申请被提交，而这意味着必须对这些开发可能产生的累积影响进行评价。

环境影响评价以法规依据来考虑这些开发所产生的累积大气质量影响，而同时北肯特郡大气质量模型的引入则从技术上提供了有效的评价方法。

每一个申请者均需执行大气质量监测以获取SO_2与NO_x的浓度值，而所收集的大气质量背景值信息则可用来对模型进行校正及更新。

不久人们就意识到仅仅有北肯特郡的大气质量模型是远远不够的，而建立一个可适用于整个肯特郡，并能把伦敦与法国所带来的污染均考虑在内的模型是非常必要的。

大气质量联络委员会的建立使各等级的政府部门及不同的专业团体都能参与到肯特郡所开发的一个全面的模拟与监测系统中。

把该系统与环境影响评价体系进行结合就意味着在处理每个提案时可向开发商收取运行模型的费用以降低地方政府的成本支出，此外这也保证了因模拟信息准确性而产生的纠纷。如果开发商使用肯特郡大气质量模型所得到的结果，当地决策部门是承认的。

总而言之，从原本利用开发商个人的模型，即使在一种体系中的影响估算结果也不同，到现在已经从那样一个完全混乱的大气质量影响评价模式中摆脱了出来。这也意味着能够系统地处理那些相对较小但还未列入环境影响评价范围却又对大气质量起着不可忽视作用的影响，比如机动车排放污染。

大气质量管理中的新举措

1995 年 1 月 19 日政府宣布，他们将请地方政府对大气质量实行定期评价，以此为清洁英国城镇的大气质量做出努力。[9] 这其中还包括为 9 种污染物建立国家大气质量标准；在早期法规的基础上增加地方政府的职责并在大气质量缺乏标准的地方建立大气质量管理系统；另外还提出了一个有关运输的 20 要点行动计划。

一些实例表明，地方政府在污染等级过高的情况下有权限制城镇中心的交通运输。而肯特郡却在回应政府的新举措时占据非常有利的位置。这正是他们通过肯特郡大气质量联络委员会实施模拟、监测并收集排放清单而才得到的收获。

地方大气质量管理工作与开发规划是紧密相关的。土地利用规划也许不能瞬时改善大气质量，不过就长期而言，由于开发规划体系秉承了可持续开发的理念，因此其应成为所有政策中的核心。政府再次重申了他们对于开发规划的环境评估职责，而在 PPG12 中就此职责提出了一系列意见。根据建议，评估工作应包括对大气质量政策的效果进行评审，这里也很明确地提出了地方政府有对大气质量实施定期评审的职责。

国家环境署也宣称需要对 PPG23 中为规划与污染控制所提出的建议进行重新考虑。但愿新法规的出台和环境机构的建立能够将规划许可与 IPC 授权的作用协同起来，保证顺利解决污染控制与土地利用规划中的问题，实现真正的可持续发展。[10]

注释及参考文献

1 Directive on assessment of the effects of certain public and private projects on the environment (85/337/EEC). Brussels: Commission of the European Communities, 1985.

2 INDIC is the trade name of a model, as are ISC, ISCLT and ADMS which are mentioned later in the chapter.

3 The Gaussian Plume Dispersion Model was developed by the famous mathematician Karl Friedrich Gauss (1777–1855) to demonstrate how emissions from factory chimneys behave in the atmosphere.

4 Her Majesty's Inspectorate of Pollution (1993) *An Assessment of the Effects of Industrial Releases of Nitrogen Oxides in the East Thames Corridor*. London: HMSO.
5 DoE (1994) PPG23: *Planning and Pollution Control*. London: HMSO.
6 *Ibid.*
7 Kent County Council (1993) The Third Review Kent Structure Plan Deposit Draft. Kent County Council Planning Department, Maidstone.
8 SEEBOARD refers to the South East Electricity Board.
9 DoE (1995) *Air Quality: Meeting the Challenge. The Government's Strategic Policies for Air Quality Management*. London: HMSO.
10 Since the writing of this chapter, the Government has developed and published a National Air Quality Strategy.

第九章

环境影响评价实践中的收获

乔·韦斯顿

引言

本章的题目故意主观地宣称从本书中所记录的证据和经历中能取得一些收获，这确实是事实。因为从这些证据及其他的追踪记录中可以总结出英国环境影响评价实践工作的一些特性。在本章中将对这些证据进行分析，并通过与其他体系进行比较来评价英国的环境影响评价体系，说明怎样才称得上好的实践工作。随后将就前言中所提出的理论框架进行评定。

正如本书开始向大家解释的那样，书中所记录下的证据与经历也只是环境影响评价过程及其对于英国规划体系影响的一斑。它所反映的内容只聚焦了某一固定时段，也就是从正式的环境影响评价被引入初期的1988年到撰写本书的1995年之间。如果仅仅基于本书所给出的证据和对变化趋势的预测结果，就过分强调其对未来环境影响评价的指导意义，将是非常危险的。

比较中评价英国的环境影响评价体系

过程比较

称得上环境影响评价中“好的”实践就是在实施环境影响评价过程中能与本书前言部分所讨论过的环境影响评价理论很好的结合起来，这些理论包括由芒恩、沃尔瑟以及其他许多学者所提倡的重复、理性、客观过程评价理论等。伍德（Wood，1995年）指出环境影响评价体系可用一系列基于本书前言部分中所提出的各阶段过程标准来进行评判。[1] 如果利用环境影响评价中的理论框架来比较体系的优劣是很有效的，但就体系与体系间进行比较则是无用的。不过这种比较评价的方式首先应形成一个对于“好的”环境影响评价体系的国际性普遍承认的标准，不过至今为止还没有证据证明存在这样一个标准。根据伍德（1995年）制定的标准，英国的环境影响评价体系因缺乏范围确定、备选方案考虑以及对影响监测的步骤而被排除于“最佳实践”之外。大部分在该领域的研究学者、实践者都一致认为这些步骤是非常关键的，如果算不上环境影响评价体系中的基础部分，至少也是其中的组成部分。不过英国政府和其他自身体系并不符合这些标准的政府可能并不同意这种观点。当然伍德承认“最佳实践”标准的偏移主要还依赖于“政策认可”，而对某个已被接受的评判体系，多余的标准即使合理也是无用的。[2]

由于英国的环境影响评价体系不同于其他国家，因此要客观地在比较中评价英国环境影响评价的“质量”非常困难。正如在前言中所讨论过的那样，英国所引入的环境影响评价体系只是原体系的一部分。因此要把该体系中的“理想”部分与其他的体系进行比较，或按照理论来评判哪些才是构成高质量或最佳实践工作的部分有一定难度。英国的环境影响评价体系被引入到规划体系这个自身拥有存在已久的规则、程序及传统的现存复杂体系，也成为了其中的一部分。而那些本来就不存在规划体系或引进环境影响评价体系时就把它作为一个完整决策过程的国家的所谓体系当然与英国的不同。举个例子，每个新的决策过程都是根据法规而制定的，因此那些基于美国NEPA而制定的环境影响评价体系自然与英国的环境影响评价体系有很大的差别。NEPA体系中包括了强制性范围确定、备选方案评价以及环境报告评审的过程。不过，美国是个联邦制的国家，许多州都高度自治。这些独立的州都有自己的环境影响评价体系，比如加利福尼亚的体系与NEPA体系也存在着相当大的差别。

不同的国家，甚至国家中不同等级的政府都有他们自己不同的工作重点、议程及对于环境考虑的等级分类。这些差异不仅会反映在他们所采用的环境管理方式上，也反映在他们愿意承担的义务上。

自1970年代起环境影响评价体系就已被越来越多的国家以各种不同的形式所采用，并迅速扩展到了整个世界。当越来越多的国际基金组织把目光投向发展中国家的基建项目及其他开发项目时，为对这些项目进行审核环境影响评价也逐渐成为他们的一种需求。然而在许多发展中国家，特别是那些非洲国家，本身并没有真正的法律框架来支持环境影响评价的实施。[3]因此在这些国家中，体系的建立全遵照外来基金组织的要求，这样环境影响评价体系就不再是一个本土化的产物。世界银行、国际金融组织、非洲与亚洲地区开发银行以及经济合作与开发组织均要求对他们所投入基金开发的项目实施环境影响评价，并为其提供环境影响评价程序指导。而许多更全面的要求则记录于由世界银行提供的《操作方针4.01》（1991年）中。[4]这里的环境影响评价过程包括环境影响报告的撰写，报告中包含提案最初磋商的详细内容、项目特性的完整描述、项目可能产生的所有潜在影响、备选方案、减缓措施以及一个执行性总结。而对于一些主要的“高风险”或“有争议性”的项目，世界银行要求召集一个聚集了各国知名环境专家的环境顾问组对项目的评价范围及环境影响评价的评审过程进行监督。该顾问组向借贷两方（国际银行与提出开发提案的政府）就环境影响评价过程中的各方面，包括环境影响报告及其他报告提出意见。[5]这样的环境影响评价不仅是由外界强制引进，连决定评价如何进行的主要决策者也是外来的，从这个角度看该环境影响评价体系完全是外来产物。

澳大利亚的环境影响评价方法也不同一般。通常而言联邦政府拥有许多权利，其中包括对各州行使环境保护的权利。但正如美国一样，即使在一个单独的国家中也可以发现许多不同的体系。1995 年制定的《联邦环境保护法案》中提出，澳大利亚国家政府应对可能具有国家或国际性范围影响的项目行使更高的权利。[6]然而，许多独立州仍然完全独自控制着这些体系。1986 年的《澳大利亚西部环境保护法案》对环境影响报告的内容没有提出任何正式的要求。根据伍德与贝利（Bailey，1994 年）的意见"希望"环境影响报告能够包含如下内容：

- 非技术性概要；
- 所使用技术的详细信息以及如何获取这些信息；
- 预测影响的根据及影响的详细信息；
- 详细说明项目开发方针（由环境机构提供）中的问题如何被提出。[7]

伍德（1995 年）指出，1986 年的澳大利亚西部体系中把环境考虑作为了项目授权中的中心考虑因素，也就是从那时起该体系一直承受的政治压力才有所降低。[8]

1994 年新修正的《南威尔士环境规划与评价法案》中提出要求对任何隶属于环境影响评价的项目或包括对污染土地进行修复的项目在被授予任何许可前向公众公开环境影响报告的内容。[9]

在某些国家，如美国、丹麦等都是由一些政府机构或"主管"部门而非开发商来负责进行环境影响评价，这点与英国相同。而在另外一些国家，如荷兰、比利时、加拿大、马来西亚及印度尼西亚，环境影响评价评审的工作是强制性的。这些国家已建立了一些国家性质的机构来承担评价的职责，而这种机构的性质从理论上来讲独立于开发商与决策部门之间。[10]

还可以继续举出那些不同评价方式、不同体系的例子，而这些都为了证明一点：所有的环境影响评价体系都是独一无二的，因为这与它们所处的特殊政治环境或土地利用政策以及开发决策体系有着很大的关联。最终被采用的体系不仅可反映出一个国家、或其中的一个区域或一个州对环境影响评价概念的理解，同时也是该地涉及土地利用决策的法规、宪法甚至人文结构的体现。符合伍德（1995 年）所提出的环境影响评价标准的似乎只有一个实例——澳大利亚西部的环境影响评价模式。该模式符合了一个完整的环境影响评价体系所有要求，并且对该模式自身所作的一些改变是出于政治考虑而非环境考虑。[11]

价值判断是惟一可用来比较哪种体系更具优势的方法，但这种方法却很难奏效甚至会出现误判的情况。在对英国环境影响评价过程中的理论累述阶段进行评估时，可以说英国的这个体系中缺乏许多基础性的东西，而这些正是“最佳实践”中不可或缺的条件。不过，在经过比较研究后得到的最重要的一点是环境影响评价最主要的优势体现在它能毫不影响地被引入任何土地利用或其他环境授权体系，同时还能保持它原有的大部分重要特性。

英国与欧盟

如果不能用一些客观的方法来比较英国的体系和其他国家所采用的体系，或许可以把英国的这个体系放到欧洲这个大背景下来进行检验。在前言中已经介绍了英国政府对于接受环境影响评价体系时的冷淡态度。但毕竟作为《欧洲共同体指示方针》这个贯彻于整个欧洲的执行准则所提出的正式要求，环境影响评价体系还是在英国存在了下来。不过不管最初英国政府对该体系的态度是多么不情愿，但至少他们还是按照欧盟的需求执行各种要求。另一方面整个欧盟实施环境影响评价《指示方针》的方式互不相同。许多欧盟国家原本并没有复杂的规划体系，没有必要像英国那样直接把该体系添加到原本已存在的决策过程中。一些国家诸如荷兰、爱尔兰和法国，已经具备了正式化环境影响评价的要求，也经历了为使该体系适应《指示方针》的要求而出现的问题。比利时在被要求贯彻《指示方针》时，也经历了一场复杂的宪法改革。它在向联邦制转变的过程中逐步降低了整个政策与规划决策过程的作用，最终欧盟的《指示方针》得以贯彻。在意大利，由于某些方面的原因，《指示方针》被贯彻于整个国家法律的时间推迟了，这样在相当长的一段时间里环境影响评价的执行只依附于总理法令。[12]希腊对该方针的贯彻方式也是相当有问题的，以至于最后欧洲司法法院因希腊未能贯彻《指示方针》而对希腊政府提起诉讼。[13]拉斯皮纳（La Spina）与肖尔蒂诺（Sciortino）（1993 年）提出，在欧洲的地中海国家中，基本上没有国家对贯彻《指示方针》持积极态度，也正是这样，“工作的延误以及中心政府与地方政府间的腐败”都因《指示方针》中的漏洞而出现，而这些也使得在一些案例中环境影响评价措施完全成为了“废物”。[14]

对采用最低方式来满足《指示方针》要求的指控不仅仅针对英国。1994 年德国联邦行政法庭的裁决中就曾指出如果环境影响评价执行于取消决策期限前，那么起诉方有必要举证对该项目的决策提出异议的理由。[15]德国联邦行政法庭的这个裁决所处的立场与英国法院或规划巡检员十分类似。实际上这似乎是反对者在应对那些还不属于环境影响评价的案例时被强加的繁琐条件。在这种情况下反对者大多会在起诉前实施环境影响评价以检验决策的准确性。

与许多其他欧盟国家相比，在引入环境影响评价的过程中英国的做法可称得上是楷模了。至此我们应该认识到欧盟并非一个简单的贸易团体的集合，它是由许许多多来自于不同文化、传统以及价值观的人群所组成的。人们对待环境问题与执行法定决策的态度自然是不同的。毕竟对《指示方针》翻译工作也和其他的法律一样是向各国开放的。从前言中就可以看到英国自始至终都坚持原汁原味地翻译法律，并在此基础上执行《指示方针》中所提出的要求。索尔特（1992a）认为英国这种对《指示方针》直译的方法必然会忽略许多方面《指示方针》原本试图实现的目标。他还特别指出：

> 英国的环境影响评价规范只是对直接影响和间接影响进行了说明。而对《指示方针》附录 III 中所列出的项目将可能产生的重大影响是涉及了二次影响、累积影响、短期、中期或长期影响、永久性影响还是暂时性影响、积极还是消极影响都没有详细说明……没有人可以在不知道使用什么预测方法的情况下来评价影响。没有人可以在不了解开发商对项目所作如此选择的理由或在没有对任何备选方案进行评审的情况下就能想出措施来避免、减少或弥补项目可能产生的影响。[16]

约里森与克嫩（1992 年）提出，制定一份可被欧盟所有国家所用的环境影响评价过程指导是非常有必要的，这样才能避免因各国对《指示方针》不同的翻译结果而产生的问题。他们指出：

> 若对筛选与确定范围过程、识别所有相关的影响、确定他们中的重大影响、选择用于预测与审查的合适方法、寻找现成的数据资源以及传达研究中的发现这些方面能提供清楚的指导，将非常有助于环境影响评价实践工作。[17]

他们还提出，正是环境影响评价缺乏明确的定义，才使得开发商可充分利用《指示方针》所允许的范围内采用最低限度的方式来执行各项要求，这种最低限方式就目前而言正与主管部门的职权范围相抵触，这只会招致主管部门提出更进一步的执行要求。不过由于国内的规划体系以及各级决策部门的政治、文化和当地一些特定因素，使政府的这个职权常常不能起效。1995 年欧盟环境部长同意了《指示方针》的修改意见，但这次修改对促进开发商主动提供更多信息并没有实质性的帮助，因而也不太可能改善当前的局面。

所以不得不接受这样的事实：即使这些引入环境影响评价的主要法规能在欧盟所有成员国中普及，他们所采用的实际体系或过程也可能因为这样或那样复杂的理由而各有不同。

评价质量

环境陈述报告

评估环境影响评价质量的一个最简单方法就是对作为环境影响评价过程一部分的环境影响报告的撰写质量进行评估。国家环境署就以这种方法从曼彻斯特大学在1991年对环境影响报告质量的研究报告及牛津布鲁克斯大学最近更进一步的研究中获对现今环境影响评价的质量评估。[18]提出该方法的基本理由是如果提高环境影响报告的质量，那么环境影响评价过程的整体质量也会得到提高。但到目前为止这种说法并没有得到普遍的赞同，一些人认为这种说法是完全错误地把环境影响评价的评估误导上了报告的质量上。斯特里特（Street，1993年）指出环境影响报告仅仅只是环境影响评价过程的一个缩影，只是需要考虑的环境信息中的一个要素。对环境影响评价过程质量的更全面评估实际上可以看作是对最终放在决策者面前的环境信息质量的评价。另外，布罗（Braun，1993年）提出环境影响报告质量的好坏在磋商过程中才见分晓。如果环境影响报告的质量差，那么开发商将被要求提供更进一步的信息。[19]可能更进一步的测试可获得环境影响评价过程最终的评估结果，比如是否环境影响评价过程可使项目得到更好构建等等。虽然这种测试的实施比较困难，但是在1995年一些环境与规划的顾问们对此进行的一次调查中发现，在所有已实施环境影响评价的案例中有70%的案例可以证明，环境影响评价的引入使得英国的环境保护工作有所提高。[20]

不过，环境影响评价的质量还是引来了实践与学术界许多专家的关注，同时英国国家环境署也提倡开发商能提供高质量易理解的环境影响报告。[21]环境影响报告也是环境影响评价过程中发布的一个主要公开文件，它也为当地的公众与法律顾问建立自己的评价提供了基础。正因为环境影响报告在整个环境影响评价中处于如此重要的地位，一些基于环境影响报告质量的强调也就合情合理了。

牛津布鲁克斯大学对环境影响报告质量的研究要比前人的研究更复杂更全面，在他们的研究中也确实把“提高质量是为谁”作为切实的问题提了出来。实际上这是一个非常关键的问题，因为那些质量差的环境影响报告最大的受益者是项目的反对者们。正如本书中已经看到的，开发提案常常会招致一场“反对运动”，而其中环境影响报告则成为这场运动的焦点。反对者通常需要寻找一些证据来支持他们的反对理由，同时他们也需要通过研究项目中可能出现的问题来进一步削弱开发商及顾问的可信性，因此环境影响报告中的任何弱点都成为他们有利的武器。最后采用最低限方法、所准备的开发报告缺乏所需要的充分理由的开发商们这时候可能才发现，他们的这种偷工减料的策略会带来许多弊端。所以若开发商想成为最大的受益者，那么他在准备环境影响报告时要尽可能地保证报告的全面性和客观性。

牛津布鲁克斯大学的最新研究发现，自环境影响评价1988年引进之初，环境影响报告的质量就在不断的提高。不过大多数公布的证据表明不仅环境影响评价体系与其他体系的环境影响报告之间，就是在环境影响体系下的环境影响报告质量也存在着很大的差别。[22]当然，环境影响报告质量的这种差别也是欧盟5年来对整个成员国的环境影响评价体系实施情况审核的一个主要发现。[23]从涉及这个问题的许多文献中可以总结出造成环境影响报告的质量差异的主要有如下因素：

- 撰写与审核环境影响报告的人员缺乏经验；
- 环境影响报告缺乏客观性，实际上环境影响报告是作为一个项目的开发“理由”；
- 缺乏制度或法律效率来要求达到更高的质量；
- 缺乏对环境影响报告内容的专业指导。

索尔特（1992b）指出，环境影响报告的质量还取决于许多相关的公共因素，其中包括：

> 申请者在申请许可中的态度和能力，公众的利益，中央政府的利益以及相关部门与涉及顾问的利益。[24]

经验

一个常常出现并影响环境影响报告质量的因素是经验。牛津布鲁克斯大学的研究找出了顾问及地方政府的经验与环境影响报告质量最直接的联系。Skehan（1993年）在爱尔兰环境影响评价体系中发现了环境影响报告质量与顾问及规划局的经验之间所存在的“观测相关性”。[25]这点从Lee与Dancey（1993年）的研究中也得到了证实，另外他们还从爱尔兰环境影响评价的一些证据中发现那些较短（即页数小于25页）的环境影响报告的质量要差于页数较多的报告。不过，Lee与Dancey（1993年）也澄清了这样一点：即使很长的环境影响报告也不一定有最好的质量，同样的经验丰富的撰写者也不能完全保证报告有很高的质量。[26]在法国，环境影响报告质量的这种差异主要存在于有争议的大型国家项目与小型地方项目之间，项目越是存在争议性，那么它的环境影响报告质量也越高。因为大型项目的负责人通常都在该领域具有相当的经验，因而他也就有更多的资本来撰写出一份高质量的环境影响报告。[27]

当然，经验在整个环境影响评价过程中的方方面面都起着相当重要的作用，不仅仅局限于环境影响报告的撰写中。韦斯特（West 等，1993 年）提出，尽管在发展中国家有许多受过高等培训的科学家及研究者们，但他们却相当缺乏在多学科领域小组工作的经验，而这正是迈克尔·李－莱特在第二章中所提出的要撰写出高质量环境影响报告的必要条件。[28]Kakonge 与 Imevbore（1993 年）两人就“经验”的问题进行了扩展，他们认为个人的缺乏经验并非阻碍高质量报告产出的惟一障碍，负责撰写环境影响报告的主体缺乏环境知识与数据也是其中的一个因素。[29]

然而只拥有经验丰富的专家并不意味着能得到高质量的环境影响报告。作为旗下有许多富有经验的德国、法国与瑞士顾问参与为主要项目撰写环境影响报告的卢森堡环境部指出，现今的环境影响报告中依然存在着许多基础性不足，比如报告中缺少对项目备选方案的评价。[30]

客观性

在本书的第五章中已突出强调了获取并提供环境信息时的客观性及可信性对于环境影响评价实施成败的重要性。此外在环境署的《规划项目环境信息评估：优秀实践指导》（1994b）明确提出，地方政府在评审环境影响报告时应对报告内容进行核实，以保证评价中“所有信息”都以客观的方式清楚地记录于报告中。[31]

最初级的核查工作是核实环境影响报告的撰写人与项目负责人的关系。在比利时的佛兰德（Flanders）与瓦隆尼亚（Wallonia）地区的一个案例中，由于“撰写环境影响报告的顾问的经济关系仍依赖于开发商”，以此就可以证明该项目的环境影响报告缺乏客观性，也不符合独立撰写的原则。[32]在丹麦撰写环境影响报告的通常是主管部门，而不是开发商自己。不过在英国，政府由于一些政治上的原因坚决抵制某些特殊项目的开发，也被证明缺乏客观性。[33]

然热（Ginger）与莫豪伊（Mohai）（1993 年）指出客观性的缺乏是如今存在的一个重要问题，这在更具影响力的美国 NEPA 体系中也常常出现。他们认为环境影响报告在许多案例中都被作为“评判决策准确性的工具”，之所以这样说是因为环境影响报告的撰写工作常常是在相关机构已把注意力集中于某一特定的行动或项目后才开始的。[34]换句话说，环境影响评价工作都有在相关机构作出主要决策后才开展的趋向，而这种现象在第五章的两个研究案例中都有被提到。

一些部门，包括英国乡村保护委员会都提出要体现环境影响报告的客观性并提高环境影响报告质量的最佳方法就是在环境影响评价过程中引入一个正式的评审过程，由一个独立的组织来决定环境影响报告的内容是否符合要求，所提供的信息是否足够。[35]一些欧盟国家（意大利、比利时及荷兰）确实拥有自己独立的评审组织，不过到目前为止这些组织的工作还没有对环境影响报告质量的提高起实质性的作用。从比利时的实践过程来看，缺乏资金使得他们的评审工作变得异常困难。而对瓦隆尼亚地区评审组织的成员们来说，环境影响报告的评审工作竟然是在个人自愿基础上在业余时间实施的。[36]

Kakonge 与 Imevbore（1993 年）把建立制度框架的需求与相关机构应有的能够切实保证执行规范与履行环境影响报告评审职责的经验与权力联系了起来。[37]并且许多发展中国家都会涉及这个问题。阿布拉科萨（Abracosa）与奥尔托拉诺（Ortolano）（1987 年）在菲律宾的调查中发现，该国环境保护委员会既没有政治权力也没有财力或策略来强制开发机构遵守他们所制定的要求。[38]根据新西兰的体系要求，议会环境委员会仍保留对环境影响评价的干涉权力，以保证环境评价报告完全符合要求。但伍德（1993b）却认为由于该委员会缺乏资金或其他的支持，他们的这种干涉权力只会在一些特殊的案例中起效。[39]

英国许多提倡建立独立评审组织的人都认为在 1995 年《环境法案》指导下所新建立的环境机构是担当该职责的最合适人选。不过，其他的证据表明，这种独立评审工作的成功与否还取决于相关机构的权力、财力以及他们的意愿，否则就只能令提倡建立这种独立评审机构的支持者们大失所望了。环境国务秘书于 1994 年 10 月发布了建立新机构及其职责实施办法的指导意见。这种实施办法号称“在实现环境目标时不给工业部门或公众带来任何不必要的负担，合理的考虑成本与利益的关系”并且“总体上使纳税者及支付环境费用者所交付的钱充分体现价值，实现成本的效益最大化”。[40]另外，环境机构的独立评审工作也被看作是环境影响评价中的一个反馈。

在英国还未拥有独立评审组织的情况下，主管部门还将继续承担这项工作。根据国家环境署出版的《规划项目环境信息评估优秀实践：研究报告》（1994a）的内容，地方规划局是利用简单的“审核清单”来实施评审工作的。[41]在一些案例中规划局委托环境顾问实施对环境影响报告的评审工作。不管地方政府是委派手下的人员还是委托顾问来实施评审，这种评审工作的客观性仍可能会受到开发商的质疑。在环境影响评价过程中，各种关系的这种特殊性质使得要做到完全独立非常困难也很容易遭来非议。

考虑英国土地利用规划体系所存在的敌对性特性以及利益冲突与竞争的问题，要在英国的环境影响评价中获得真正的客观性变得难上加难。在整本书中都可以看到，规划体系实际是一个政治决策的过程。而在这种背景下，似乎对想像中的合理规划技术要求太多了，根本不可能因为规划技术的增加而减弱政治过程的影响。

指导

如前所述国家环境署 1989 年出版的导引连同 15/55 通知上所提出的建议，都是造成最低限实施方法出现的潜在因素。自环境影响评价体系引入之初，许多关于“最佳实践”的指导就相继出现。这些指导书的范围从指导利用评审标准来作为评估环境影响报告质量的基准到一些更直接的环境保护指导书，如《英国自然环境保护手册》（1992 年）、英国乡村保护委员会出版的《环境评价：获得他们的权利》（1990 年）、由一些诸如肯特郡、柴郡等郡议会出版的手册以及一些主要的相关公司如 ICI 自己内部出版的指导书等等。[42]

由国家环境署出版的《规划项目环境信息评估：优秀实践指导》（1994b）中直接强调了应在把所需的环境信息以及环境影响评价过程作为一个整体的条件下来评判环境影响报告的要求。[43]不过，这个指导只针对于那些负责评价环境信息的人，而对撰写报告者及环境影响评价执行者并未起到很好的指导作用。最近出版的《为需要实施环境影响评价的规划项目撰写环境影响报告：最佳实践指导》（1995a）虽然不可能因其时髦的书名而制胜，但它确实为那些从零起点实施环境影响评价的实践者们提供了一个远远优于“蓝皮书”的实践指导。[44]

由国家环境署出版的规划政策指导摘要（PPGs）中也提供了有关环境影响评价的建议。近期环境影响评价规范引入后的 PPGs 也已出版，事实上该指导所有的部分都是关于环境影响评价的，与开矿政策指导摘要（MPGs）的类型相似。并且该指导中的建议或指导大体上都是基于新修正的环境影响评价要求而提出的。在 PPGs 所有的章节中，“PPG22：可再生能源”为环境影响评价提供了最全面的建议。其中不仅对规范的要求进行了讨论，它还对一些标准提出了非常有意思的解释。

> 诸如污染者需为他们所造成的污染支付一定的费用以达到可接受的环境标准及《环境保护法案》所提出的利用“最佳可利用且不过度耗费的技术”（BATNEEC）来减小污染效应的这些原则现在都很好地建立了起来。通常而言，标准都是根据一定的级别而设定的，不过一些特定地点的标准变化也是准许的。就国家标准而言，一般是被作为最低标准来实施的。因此申请者在评估新投资项目时应考虑为达到环境标准所需要的成本。[45]

《PPG23：规划与污染控制》中的附录 9 就环境影响评价的要求进行了解

释，并这样评价环境影响报告：

> 2 ……环境报告中的信息可能与许多为支持申请污染控制授权而提供的信息是相似的。
>
> 3 环境报告的作用是为了对开发项目可能产生的环境效应，包括一些属于污染控制范围内影响，为避免、较少或修复重大负面影响而采取的措施有一个更全面和系统的估算。[46]

MPG3 针对在煤矿采掘及煤矿腐蚀处置中造成的环境影响提出了一系列更细致的标准。其中还对一些特殊影响（比如视觉、噪声、爆破、粉尘、水、交通、土地利用、自然保护、下沉、倾斜以及相关建筑结构问题）都作了详细的说明，包括对每一种影响所要实施的各类评价方法。[47] MPG6 中也有一小部分是涉及环境影响评价的，它针对采矿工作还提出“开发项目的使用持续时间也应是需要考虑的一个因素”。[48] MPG7 提供了一张包括矿石开发及矿工业的环境影响评价中所需要执行工作的相当详细的参考列表。[49]

大多数的指导都是非常有用的，但是由于缺少顾问意见的支持，开发商在遵守规范的同时对评价工作仍有很大的“偷工减料”空间。指导中存在的另外一个问题，也是环境影响评价中普遍存在的问题是，人们总是忽视了那些隶属于环境影响评价规范的项目所具有的独特性质。这些独特性质的出现是缘于项目自身所涉及的各种因素，如项目效应的接受者——环境、项目的规模、类型、开发商的财力、开发时的政策、规划局的态度以及公众的利益与环境承受能力。正如在本书中所提到的那样，这种自身的特性不仅是涉及项目更是环境影响评价的使用与实践中所出现的。

英国政府早于 1990 年就提出要制定一份有关如何准备与评审环境影响报告的新指导文件，国家环境署受命对指导的制定要求进行了研究。[50]该指导于 1994 - 1995 年终于问世。现在来评价它的影响似乎未免过早了，不过指导最终也只是一种为环境影响评价的实践者提供建议的文件，对它的诠释主要是为适应某一特定时期的处境及项目、开发商或规划局的要求。毕竟，以 1989 年环境署所制定的指导中最低标准来审核，许多环境影响评价工作还存在欠缺，尽管他们中的大部分符合规范的要求。

环境影响报告质量参差不齐的状况不仅仅是英国环境影响评价体系中的一个问题，这个问题已遍布欧盟各国以及其他更多的国家，其原因也与英国的相似。但其中有一个因素是英国独有的，那就是它有一个具有对抗性的规划体系。对于像英国的开发控制体系这样的政治过程，所有涉及的集团都有自己的策略来影响决策者的决定。如果某开发项目不可避免地要接受公众质询，那么对于开发商来说最有利的方法就是在接受质询以及巡检员单独审核时尽可能地使一些细节信息不记录在环境影响报告中。因此如果脱离了规划过程的这种政治特性背景，要对环境影响报告中的问题进行审核就相当困难了。

英国环境影响评价实施中的难题、问题与教训

项目审查与范围确定

尽管规范已被重新修正，新的指导也已出版，基于实践的各种经验也发展了起来，可最低限方法的使用范围却依然没有减少，而《指示方针》的修改也似乎对此不起任何作用。在彼得·布利德所写的章节中已经证明，即使一些法规或政策指导允许使用者有很大空间根据个人喜好来对其内容进行诠释，开发商与规划局似乎仍热衷于要求撰写环境影响报告。既然所有的资源成本都已包含在内，那么实践中的环境影响评价工作也就不会受到非难。这其中包含着许多因素，公共关系以及规划政策则是这些因素中的关键。如果在公众及规划局已对项目开发产生怀疑，还未出现敌意时，拒绝撰写环境影响报告并非有效的方法，也无法改善他们的态度。同样的，如果规划局未能向开发商要得环境影响报告，那么这似乎会给政治敏感性日益显著的当地选区带来冲突的意味。此外，如果开发商需要提出诸如生态、景观、噪声及交通影响之类的问题时，他们最好尽可能的把这些信息的详细地记录于环境影响报告中。

在规范中所涵盖的需要接受环境影响评价项目类别的范围就算没有扩大，根据现在趋势也可以预料将来实施环境影响评价案例的数量只多不少。正如格拉松（1995 年）所作的比喻：“泡泡是不可能爆的。”[51]

要测定这些已实施的环境影响评价所起到的作用、所涵盖的范围是件相当困难的事情。即使英国政府执行了《指示方针》修正版中要求确定评价范围的那部分（这是根据个人自愿的），那么这也仅仅保证了地方政府只在开发商提出的情况下才向他们提供评价的要求。这与修正版的最初草案所提出的强制性确定评价范围是有出入的，因此这也很难看出修正版所作的这些变化对环境影响评价过程能产生那些重要的影响了。[52]

确定评价范围是环境影响评价实践能否成功的关键，它要求有顾问、地方政府以及公众的积极参与。而公众，甚至一些情况下地方政府会因为一些战术性的理由拒绝参与其中，而顾问们是否能全身投入来提供足够信息也取决于所获得的资源、结构以及所在组织的态度。在分析过的案例中可以看到，皇家污染检查所提供给开发商及地方规划局的咨询意见并非总是有意义的，特别是那些不需要由皇家污染检查所作先前授权的项目。如果新的环境

机构仍然像皇家污染检查所那样遭遇同样的资源、人员及结构问题，那么环境影响评价范围确定质量也就不可能有所提高了。

公众参与与磋商

在整本书中所谈的大量内容都是涉及环境影响评价中的公众参与与磋商的问题，并且从实际情况来看环境影响评价体系所缺少的也是这样的过程。在本书中提到公众参与与磋商过程这个环境影响评价中的重要特性并非偶然，毕竟国家环境署最初出版的“蓝皮书”也承认环境影响评价中一个主要需要强调的过程就是磋商与公众参与过程。[53]大多数环境影响评价的支持者认为，早期的磋商与公众的完全参与是最佳实践中的基本要求，然而许多环境影响评价体系真正有公众参与评价过程的却很少。[54]安德鲁·麦克纳布（Andrew McNab）向人们展示了要在英国这个对抗性的规划体系中增加真正的参与性过程有多少困难，从所回顾的案例中可以发现如下两大主要问题。

首先，公众很大程度上都被看作“敌人”，这种看法不仅出自开发商，连地方政府也常常如此。基本上公众不会参与英国的环境影响评价过程，而常常对开发提案抱有敌意，甚至坚决反对项目的开发。一直以来都没有，或者至多出现过一两次有上千联名支持规划申请的请愿书——任何项目，即使是那些需要执行环境影响评价的主要项目的规划申请。安德鲁·麦克纳布与理查德·里德（Richard Read）都曾提到，开发商认为公众对任何项目开发都以一大堆各类问题围攻，他们对此做法显得无可奈何同时为了保证不“失手”，自然就选择只执行规范的最低要求了。

对于地方政府而言，情形就不是那么简单了。毕竟他们是社会“公仆”，应在顾及公众利益的情况下操作规划体系。现在的主要问题是公众并不总能理解政府的这种简单职责中所存在的诸多局限性。那些诸如国家需要、政府建议以及那些实质或非实质性规划考虑的差别这样的因素不仅仅对于公众来说是不可捉摸的谜，还常常被官僚规划者作为支持开发商开发项目并逃脱“环境破坏者”罪名的借口。如果有一天规划局与开发商完全一样，那么就像在第五章屠宰场案例中所讨论的，任何残存的信用也就消失无踪了。

在这种背景下，很难说最佳实践中的环境影响评价公众参与活动可促进开发商或规划局的利益。如果项目可在一定程度上或普遍得到支持，那么公众才可能充分体现出他们参与者的身份。然而，对于大多数的项目而言，公众的参与更可能是彻底地毁灭项目的开发机会而不可能在项目设计过程中提供任何的帮助作用。

第二个问题是有关早期磋商所带来的不良影响风险。一个这样的例子就是南牛津郡的案例。3 年前，泰晤士水务公司开始为其在南阿宾顿（Abingdon）开发330亿加仑水库的提案开展公众参与与磋商的活动。开发地位于怀特霍斯谷行政区中心的一个平坦的旷野上，而这里又是怀特霍斯谷的特征景观。开发水库将建造一个25m高的堤坝，而这一定程度上会阻碍5个山谷区的景观。并且大约有12户居民将不得不搬迁，他们的农田也将被铲除用作开发。在5年的水库建造期，数以千计的运输车、建筑工人、噪声以及建筑灰尘将对邻近居民的生活带来很大的干扰。

泰晤士水务公司邀请了当地居民以及法律顾问参与磋商过程，听取他们对开发方案与环境影响评价范围确定的意见。磋商过程进行到一半的时候，水务公司对他们的开发时间表重新进行了调整，并把向规划局提交规划申请的时间推迟到了两年以后。

水务公司与当地房地产机构进行了一次正式讨论，而从讨论结果来看没有什么证据可证明开发会对房产价格产生任何影响。不过未来项目中的各种不确定性却肯定会给上百户居民的生活造成不良影响。居民们所遭受的不仅是项目在建造期间给居民造成的干扰或它本身所带来的环境影响，还有在若干年后对他们的生活或家庭所带来的不确定性影响。而这种不确定性以及破坏性影响毫无疑问将被扩大许多倍作用于那些泰晤士水务公司被迫公开承认的50个经过他们特别调查的场地。[55]

决策

先来思考这样一个问题，环境影响评价在规划体系中究竟起着什么样的作用，而环境影响报告又在规划决策中占有怎样的权重呢？基本而言，环境影响评价起着一个信息提供者的职责，而它在“环境事务”中的地位本质上是不会发生改变的。增加或降低环境因素权重的并非环境影响评价，而是决策者在作规划决策时所处的政策背景。许多记录于环境影响报告中的“环境效应”通常并没有被作为实质性的考虑因素，尤其是那些受控于其他法规的“环境效应”。而在另外的一些案例中虽然环境效应被当作实质性考虑因素了，但它在决策中所占的权重却是微乎甚微的。举个例子，如果生态影响被当作实质性考虑因素，那么也只有在开发项目所产生的效应将影响到特殊科学研究基地或其他国家或国际指定区域时，生态影响才会在决策的影响因素中占有很大的权重。

如果环境因素成为了决策中的实质性考虑因素，对于作用于环境的效应而言也需权衡了政策背景与开发项目间的关系后才能得到。在1990年的《城镇与农村规划法案》[56]中的54a部分提出，开发规划[57]应是所有规划申请中需要考虑的主要因素。因此在审阅任何规划申请时，决策者首先需要查看的应该是开发规划书而不是环境影响报告。这里需要记住且非常重要的是在PPG1

中建立了一些基本假设以利于项目的开发，因而在开发规划中的措辞应尽量避免那些太过消极的词语。不过，54a 部分为这些另外的事务提供了一个能与环境影响评价联系起来的机会，从而增强了环境影响评价的重要性。开发规划书的目的在于寻求更好的方法来保护或美化自然环境，在开发规划书中所制定的政策若能在规划采纳阶段被认可，那么这些问题也就可被作为规划决策中的实质性考虑因素。在另一个有关大气污染问题的案例中，他们也采用了相似的方法，通过污染控制政策来寻求对公众适意度的保护。54a 部分的内容仍可被用来提升环境影响评价的重要性。举个例子，在怀特霍斯谷行政区所制定的地方规划草案中就有这样的一个政策，即要求开发商递交环境影响报告，并在递交前对报告内容独立进行审核。[58]

在第六章中，对一些公众质询中的决策意见进行了详细的分析，并且从这些回顾中可以看到一些在很长时间内对环境影响评价过程都会产生深远影响的趋势。

首先，对于那些隶属于 1988 年规范表 2 中的开发项目在申请并不要求提交环境影响报告，而巡检员也不太可能因要求提交环境影响报告而推迟对提案的决策时间。他们用最低限的方法来审核项目是为了保证项目所涉及的环境信息在决策过程中已得到了充分的考虑。

在公众质询阶段中涉及环境影响报告的使用还存在一个非常重要的问题。通常环境影响报告是随着规划申请而提交的，但有时候会因为这样或那样的问题而使得该案例在放于巡检员面前时已过去了两年之久。由于从申请至此会发生许多的变化，因此从公众质询阶段所得到的证据就比记录于环境影响报告中的要更切合实际。并且这些证据可能更贴近委员会可能驳回申请时所提出的理由，也包含了一些最近更新过的数据信息。因而这些在公众质询阶段通过交互询问所得到的证据所占的权重能高于环境影响报告也就不足为奇了。

交互询问的结果可突出常规方法中的不足，尤其是用于预测那些只能通过主观经验来估计的影响诸如气味、噪声或视觉阻碍等影响的方法。在一些案例中，从环境影响评价方法中所得到的一些结果会与公开的标准或指导相冲突，而在这种情况下那些标准，特别是由所谓的“专业”国家团体所提供的标准则就比环境影响报告的分量要大得多。

有一点相对于地方规划局非常重要。那就是他们有在公众质询中见证环境影响报告受到批判的权利。如果委员会官员在申请处理阶段对环境影响报告没有提出任何批评意见或没有提出需要提供附加信息的要求，规划局就可能丧失这种“权利”或至少这种“权利”受到了削减。如果规划局在考虑申请时没有对环境影响报告提出异议或怀疑，那么在申诉时巡检员就会默认规划局当初接受了环境影响报告中所提出的问题。

这些经验对于实践者而言非常重要，在环境影响评价实践过程中都是需要考虑的。

变化的目标

自 1988 年环境影响评价引入后，毫无疑问规划体系已发生了很大的变化。一些变化诸如欧盟环境政策以及环境法律这些法规的引入已有了相当的影响，但要同时评估它们对规划及环境影响评价体系所产生的全面影响似乎还很困难。而其他的一些变化，向环境机构的建立也是最近的事，因此要评估它的影响也需要相当的时日。

政策变化

在影响环境影响评价过程以及环境影响报告内容与质量的一些因素中，许多来自于政策因素。一些由法规、规范、法院以及规划上诉机构所提出的严格的法律要求并非作用于环境影响评价体系的惟一影响因素。英国环境影响评价的执行是遵照开发控制程序的框架而进行的，而像环境影响报告这样的规划文件也需服从于这样的框架，并将实质性规划因素加以考虑。这些实质性规划考虑主要是基于一些相关开发规划政策以及国家政府在规划政策指导摘要、开发矿业政策指导摘要和环境部函件中所提出的政策而得到的。

另外，在 PPGs 的许多章节和政府的声明中都提出了政府对于环境问题以及可持续发展问题所负的职责。举个例子，在 PPG1 中有这样的一段话用以告诉开发商和规划部门包含于政府环境政策背后的一些重要原则：

> 政府已经明确了他们工作的目的是要保证开发与发展能走可持续的路线……总结了在规划决策中所作的决定，如同在其他领域一样，应考虑我们的后代是否能拥有和我们今天一样好的环境。[59]

如今这个指导在土地使用规划中占据了越来越重要的地位，在环境影响报告中也可以看到关于项目是否可达到可持续发展要求的陈述。另外还必须关注温特（Winter，1994 年）所提出的一些观点：

> 在任何环境报告中，必须指出规范表 3 中的相关开发项目所可能产生的影响，其中包括……其中涉及的许多问题都与“主要自然资产”有关，这也成为了可持续发展工作中所要考虑的首要部分。不过在地方规划局的职责中并没有义务给予环境报告高于一切的重要性。[60]

值得注意的是，可持续发展的概念连同其他政府的有关环境政策，诸如

"污染者交付费用"以及"预防原则"都在1988年环境影响评价规划引入后得到了发展并开始起效。当然，可持续发展的概念及这些政策因PPGs而被引入规划体系中后，真正大规模开始实施还是在1991年。其他一些通过环境保护法案而引入的，诸如BATNEEC与"最佳环境选择"的标准也是在这一年大范围的开始实施。正如在本书中所看到的，这些标准常常作为环境影响评价中检验预测影响的可接受性而被使用，因此即使会出现在第五章中所讨论过的那些问题，使用这些标准的趋势依然会延续。不过，像《指示方针》的修正版以及PPG23中所提到的那样，如果能将IPC授权中的要求融合于环境影响报告中，将为今后的工作提供非常重要的提示。IPC授权中的许多要求在规划申请中并不重要，但却是最佳环境影响评价实践工作中不可或缺的重要部分。根据IPC授权的要求，必须对一些诸如备选方案、风险、按照授权条件操作的操作者能力、累积影响以及监测准备，也就是那些地方政府和公众所寻求，但又否认其在规划申请中重要性的问题进行考虑。

组织变化

人们感兴趣的是在国家实际发生的变化后，政府在可持续发展工作中到底发挥了怎样的作用。地方政府的重组使得英国的战略规划不得不中断。这些大多已打了折扣的变化导致地方政府中混合了各种不同的体系，而这使得国家机器间各职责的融合变得异常的困难。地方政府的职权结构对于环境战略评价的发展以及对于项目环境影响评价实施方法的建立都起着相当重要的作用。到目前为止所提交的大部分环境影响报告都用以郡级事务的申请，而规范的作用则预先确定应在开发地所在的行政区开展磋商活动。这样就保证了地方的开发观点能与战略目标相结合起来，因此在高质量的环境影响报告中应同时记录项目对当地以及战略目标所产生的影响。但是如果只有单一的地方政府参与或产生单一的观点，那么对于那些战略问题——交通、资源管理以及（开发地或处理过程的）备选方案就不可能考虑周全。

至此已讨论过有关建立新环境机构的问题，并且也提到了它在环境影响评价中所起的关键作用。不过，这个新兴的机构究竟能起到多大的作用还有待进一步考察。如果考虑到政府如何诠释他们的职责时，或许这些变化就不是那么鼓舞人心了。他们是这么说的：

> 要鼓励管理组织积极回应于相应机构的要求以减少他们的成本，或尽可能的帮助他们挖掘优势以在英国能处于竞争优势。[61]

英国环境影响评价发展的另一个特性是环境影响评价完全是在保守政府

制订的政策下所发展起来的。不过这种情况不会再持续下去了，劳动或自由民主政府将对环境影响评价实施中所要依据的政策以及执行组织结构进行调整。而最终效果是好是坏还需拭目以待。

一些结论性的见解

从一开始就应该抱着一种警戒的态度来面对英国的环境影响评价的将来。就现在的趋势来看没有太多的理由可以过分乐观。实际上这条路已经走得很累了，自1970年代很多问题均试图用环境影响评价来解决，但政治家却认为是否实施环境影响评价只是经济增长目标中的外围问题，因而对此考虑甚少。不过现在可持续发展的理论已逐步深入人心，并且在规划过程中增加了环境保护预防的措施，开发商对待环境问题也比环境影响评价引入之初要谨慎的多了。环境影响评价体系所带来的好处还有很多，比如更多环境监测的实施、复杂预测方法的发展以及开发规划环境评价的建立。尽管如此，要使英国的环境影响评价过程真正拥有自己固有的环境保护目标似乎还很困难。这里虽然有很多证据可以证明环境影响评价过程要比开发控制过程更具系统性和彻底性，但在处理非环境影响评价项目时却毫无区别。的确，在1995年的调查中发现，有少于25%的顾问们认为环境影响评价对英国的开发控制体系有非常重要的影响。而75%参加过公众质询过程的顾问们则认为无论是在有无环境影响评价质询的案例中，相关部门对待环境影响报告的态度似乎毫无区别。该研究的一个负责人表示，在英国处理的所有规划申请中，只有不到0.07%的案例涉及环境影响评价，这样低的概率使人很难相信它会对整个规划体系产生什么重大的影响。[62]

环境影响评价能在项目开发的早期阶段为传达有关项目所产生环境影响的公开信息提供一种有效的途径，同时也是一种更全面检验的方法，这确实是一个非常重大的进步也达到了它最初引入的目的。不过，它的出现并没有改变英国原有开发控制决策过程中的基本法则。这种决策过程本身就是一个形式主义的、政治性的以及随性的过程。对于参与者在环境影响评价过程中所做的工作，决策者们可以随意的把那些环境影响搁置于一边不予考虑，而最终提出完全不同、出乎意料的决策结果。

在本书中，完全是以一种检验的态度针对英国环境影响评价体系提出观点，而并不是试图去预测将来的环境影响评价将怎样发展。尽管欧盟《指示方针》这个环境影响评价最初蓝本的修正版还未正式实施，但至少可以肯定如果英国开发控制过程中的政治及法律基础没有发生根本改变，那么环境影响评价的将来与过去不会有很大的差别。

注释及参考文献

1 Wood, C (1995) Lessons from comparative practice, *Built Environment*, Vol. 20, No. 4, 322–344; Wood, C (1995) *Environmental Impact Assessment: A Comparative Review*. London: Longman Scientific and Technical.

2 *Ibid.*

3 Kakonge, J O and A M Imevbore (1993) Constraints on implementing environmental impact assessments in Africa, *Environmental Impact Assessment Review*, Vol. 13, 299–308.

4 World Bank (1991) Operational Directive 4.01: Environmental Assessment, World Bank.

5 Haeuber, R (1992) The World Bank and environmental assessment: the role of non-governmental organisations, *Environmental Impact Assessment Review*, Vol. 12, 331–347.

6 Jones, B (ed) (1995) Current Survey, *Environmental Liability*, Vol. 3, No. 1. ppcs 1.

7 Wood, C and J Bailey (1994) Predominance and independence in environmental impact assessment: the Western Australian model, *Environmental Impact Assessment Review*, Vol. 14, 37–59.

8 Wood, C (1995) *op. cit.*

9 Jones, B (ed) *op. cit.* ppcs 2–3.

10 Glasson, J, R Therival and A Chadwick (1994) *Introduction to Environmental Impact Assessment*. London: UCL Press, pp 153.

11 Wood, C (1995) *op. cit.*

12 Jorissen, J and R Coenen (1992) The EEC Directive on EIA and its implementation in the EC member states, in Colombo, A G (ed) *Environmental Impact Assessment*. Dordrecht: Kluwer Academic, p 3.

13 La Spina, A and G Sciortino (1993) Common agenda, southern rules, European integration and environmental change in the Mediterranean states, in Liefferink, J D, P D Lowe and A P J Mol (eds) *European Integration and Environmental Policy*. London: Belhaven Press, pp 224.

14 *Ibid.*

15 Jones, B (ed) *op. cit.* ppcs 8.

16 Salter, J R (1992a) Environmental assessment – the question of implementation, *JPL*, pp 3113–3118.

17 Jorissen, J and R Coenen, *op. cit.*

18 There have been a large number of articles discussing the quality of ESs, many of which are based upon the work at Manchester University. For a discussion of that work see Lee, N and D Brown (1992) Quality control in Environmental Statements, *Project Appraisal*, Vol. 7, No. 1, 41–45. The most recent work was carried out by Oxford Brookes University's School of Planning which was published as DoE (1996) *Changes in the Quality of Environmental Statements for Planning Projects*. London: HMSO.

19 Street, E (1993) Notes from the coal-face on environmental assessment, *Planning* 1022; Braun, C (1993) EIAs: the 1990s. The view from Marsham Street. Paper presented at the Conference EIA in the UK: Evaluation, University of Manchester, 6 April.

20 Weston, J (1995) Consultants in the EIA process, *Environment Policy and Practice*, Vol. 5, No. 3.

21 DoE (1994a) *Good Practice on the Evaluation of Environmental Information for Planning Projects: Research Report*. London: HMSO.

22 Nelson, P (1995) Better guidance for better EIA, *Built Environment*, Vol. 20, No. 4, pp 280–293.

23 Wood, C (1993a) EIA in Europe – results of the five year review. Paper presented at the EIA Conference, Bloomsbury Hotel, London, 25–26 November.
24 Salter, J R (1992b) Environmental assessment: the challenge from Brussels, *JPL*, pp 14–20.
25 Skehan, D C (1993) EIA in Ireland. Paper presented at the EIA Conference, Bloomsbury Hotel, London, 25–26 November; DoE (1996) *op. cit.*
26 Lee, N and R Dancey (1993) The quality of environmental impact statements in Ireland and the United Kingdom: a comparative analysis, *Project Appraisal*, Vol. 8, No. 1, 31–36.
27 Commission of the European Communities (1992) *Report from the Commission of the Implementation of Directive 85/337/EEC.* Brussels: CEC.
28 West, C, R Bissett and R Snowden (1993) Developing countries EIAs. Paper presented at the EIA Conference, Bloomsbury Hotel, London, 25–26 November.
29 Kakonge, J O and A M Imevbore (1993) *op. cit.*
30 Commission of the European Communities, *op. cit.*
31 DoE (1994b) *Evaluation of Environmental Information for Planning Projects: A Good Practice Guide.* London: HMSO.
32 Commission of the European Communities, *op. cit.*
33 *Ibid.*
34 Ginger, C and P Mohai (1993) The role of data in the EIS process: evidence from the BLM wilderness review, *Environmental Impact Assessment Review,* Vol. 13, 109–139.
35 Council for the Protection of Rural England (1992) *Mock Directive.* London: CPRE.
36 Commission for European Communities, *op. cit.*
37 Kakonge J O and A M Imevbore, *op. cit.*
38 Abracosa, R and L Ortolano (1987) Environmental impact assessment in the Philippines: 1977–1985, *Environmental Impact Assessment Review,* Vol. 7, 293–310.
39 Wood, C (1993b) Antipodean environmental assessment, *Town Planning Review,* Vol. 64, No. 2, 119–138.
40 Quoted in Tromans, S (ed) (1994) *Environmental Law Bulletin,* No. 9, November, London: Sweet & Maxwell: see also discussion of the Agency's Draft Management Statement in *Environmental Law Monthly,* Vol. 4, No. 5, May 1995.
41 DoE (1994a) *op. cit.*
42 Cheshire County Council (1989) *The Cheshire Environmental Assessment Handbook: Planning Practice Note No. 2.* Chester: Cheshire County Council; Council for the Protection of Rural England (1990) *Environmental Statements: Getting Them Right.* London: CPRE; English Nature, The Countryside Council for Wales and Scottish Natural Heritage (1992) *Environmental Assessment Handbook.* London: NCC; ICI (undated) *ICI Group Guidelines for the Environmental Impact on New Projects.* London: ICI; Kent County Council (1990) *Environmental Assessment Handbook.* Maidstone: Kent County Council.
43 DoE (1994b) *op. cit.* p 1.
44 DoE (1995a) *Preparation of Environmental Statements for Planning Projects that Require Environmental Assessment: A Good Practice Guide.* London: HMSO.
45 DoE (1993) PPG22: *Renewable Energy.* London: HMSO.
46 DoE (1994c) PPG23: *Planning and Pollution Control.* London: HMSO.
47 DoE (1994d) MPG3: *Coal Mining and Colliery Spoil Disposal.* London: HMSO.
48 DoE (1994e) MPG6: *Guidelines for Aggregates Provision in England.* London: HMSO.
49 DoE (1989) MPG7: *The Reclamation of Mineral Workings.* London: HMSO.
50 Nelson, P, *op. cit.*
51 Glasson, J (1995) Environmental impact assessment: the next steps?, *Built Environment,* Vol. 20, No. 4, 277–279.

52 Environmental assessment rules leave much to member states, *ENDS Report 252*, January 1996.
53 DoE/Welsh Office (1989) *Environmental Assessment: A Guide to the Procedures.* London: HMSO.
54 Clarke, B D (1995) Improving public participation in environmental impact assessment, *Built Environment*, Vol. 20, No. 4, 294–308.
55 Village fury over reservoir, *Abingdon Herald*, 13 May 1993.
56 Section 54a was inserted into the 1990 Act by the Planning and Compensation Act 1991.
57 The 'development plan' comprises the full statutory plan framework, i.e. the adopted Structure and Local Plan, or Unitary Development Plan, and will also include Waste and Mineral Local plans. See paragraph 17 of DoE (1992) PPG1: *General Policy and Principles.* London: HMSO.
58 Vale of White Horse District Council (1993) *Local Plan: Draft for Consultation.* Abingdon: Vale of White Horse District Council.
59 DoE (1992), *op. cit.*
60 Winter, P (1994) Planning and sustainability: an examination of the role of the planning system as an instrument for the delivery of sustainable development, *JPL*, pp 883–900.
61 DoE (1995b) *Guidance to the Environment Agency under the Environment Bill on its Objectives.* London: HMSO.
62 Weston, J (1995) *op. cit.*

译后记

受中国建筑工业出版社委托对本书进行翻译之初，看到封底的“介绍了环境影响评价的相关理论”，就想当然地以为这是一本典型的环境专业理论著作。但是在阅读、翻译的过程中，译者逐渐发现，由于本书的作者并非纯粹出自学院派，而均是在城乡规划第一线工作的经验丰富的实践者，对于城乡规划的环境影响评价有着深刻的体会，因而，对环境影响评价体系的介绍就显得驾轻就熟、深入浅出，读起来自然就多了一分亲切，少了一分畏惧。

本书以环境影响评价过程中的各重要阶段作为结构主线，重点介绍了英国在引入与实行这一制度过程中遇到的一些基本问题。英国的环境影响评价制度体系具有非常突出的特点。在引入环境影响评价之前，英国已经有一套比较成熟的环境影响评估模式，但仅着眼于区域的划分和土地的分配使用，而很少考虑工业超速发展所带来的污染问题。所以，当所有欧盟成员都必须统一推行环境影响评价制度时，英国就必须将原有体系和新的制度融合成为一个整体。书中的众多案例正是在 1988 年至 1995 年新的环境影响评价体系推行的最初 8 年中产生的，反映了环境影响评价体系早期的执行和改进过程以及所起的作用。

内容广泛而丰富的案例研究是该书的最大特点。本书是由包括主编乔·韦斯顿（Joe Weston）在内的多位作者合作完成，他们不但在大学和研究院担任讲师和进行理论研究，有专业的学术背景，而且均在规划领域各公共和私人机构有多年的实践经验，其中，伊丽莎白·斯特里特（Elizabeth Street）曾在加拿大和英国环境评价和规划领域工作 25 年，安德鲁·麦克纳布（Andrew McNab）是规划和环境影响评价领域久负盛名的斯科特·威尔逊（Scott Wilson）咨询公司的主管。书中资料来源包括环境咨询机构、地方规划局、当地居民和研究者等参与环境影响评价的各利益群体，案例大多以实践者的经历对环境影响评价的实践过程进行分析，从中得出有关引入环境影响评价制度对英国土地利用规划体系所产生影响的各种结论。

从 1970 年代至今，我国的环境影响评价制度经历了一个逐渐完善的过程。2002 年全国人大常务委员会通过了《中华人民共和国环境影响评价法》，标志着中国已经确立了较完整的环境影响评价制度。虽然由于中英两国社会制度、经济水平、文化法制和环境意识等的区别，环境影响评价制度在体系本身和实践中都存在诸多方面差异，但通过对英国城乡规划环境影响评价的实践经验进行研究，对完善中国环境法律制度一定也具有非常宝贵的借鉴意义。从这一点来说，本书的翻译出版无疑将对这一研究起到推动作用。

最后，要感谢中国建筑工业出版社提供了这样一个学习的机会，如果不是这一翻译的过程，译者不会对英国环境影响评价体系的发展历程、主要程序和实践效果有如此深刻和全面的了解。让阅读本书的读者最终也能获得这样的感受，也是我们最大的期望。当然，由于译者自身知识水平和对该领域了解程度的限制，加之时间较紧迫，译稿中的某些部分难免存在疏漏或稍显晦涩，有些专有名词很难找到中文的贴切译法，欢迎大家批评指正。在此，向本书的原作者、负责译稿审核的编辑以及对本书的翻译提出过修改意见的人们表示诚挚的谢意！

黄瑾　董欣

2006 年 2 月